알기 쉬운 # 한식조리 실습

한혜영·조태옥·임재창
안채경·정선미·이가은

ß (주)백산출판사

　과학기술의 발달은 사회 변동을 촉진하고 그 결과 사회는 점점 빠르게 변화되고 있다. 사회 발달과 더불어 경제상황이 좋아짐에 따라 식생활문화는 더욱 풍요로워졌고, 음식 문화에 대한 인식변화를 가져오게 되었다.

　음식은 단순한 영양섭취 목적보다는 건강을 지키고, 오감을 만족시켜 행복지수를 높이며, 음식커뮤니케이션의 기능과 함께 오락기능을 더하고 있는 실정이다.

　이에 전문 조리사는 다양한 직업으로 분업화 · 세분화되어 활동하고 있는데, 그 인기도는 조리전문방송 프로그램이 많아진 것을 보면 쉽게 알 수 있다.

　현재 우리나라는 국가직무능력표준(NCS: National Competency Standards)을 개발하여 산업현장에서 직무를 수행하기 위해 요구되는 지식, 기술, 소양 등의 내용을 국가가 산업부문별 · 수준별로 체계화하고, 산업현장의 직무를 성공적으로 수행하기 위해 필요한 능력(지식, 기술, 태도)을 국가적 차원에서 표준화하고 있다. 이 책은 조리의 기초적인 부분부터 조리사가 알아야 하는 전반적인 내용이 담겨 있어 산업현장에 적합한 인적자원 양성에 도움이 되는 전문서가 될 것으로 생각하며, 조리능력 향상에 길잡이가 될 것으로 믿는다.

　조리학문 발전을 위해 노력하신 많은 선배님들께 감사드리며, 늘 배려를 아끼지 않으시는 백산출판사 사장님 이하 직원분들께 머리 숙여 깊은 감사를 드린다.

　조리인이여~

　넓은 세상을 보고 많은 꿈을 꾸며, 희망을 가지고 남다른 노력을 하라. 그러면 소망과 꿈은 이루어지리라.

대표저자 한혜영

# 목차

## 한식 조림·초·볶음조리

## 한식 전·적·튀김조리

# Part 3 다양한 한식조리 실기

Part

# 01

이론편

# 위생하기

## 1. 개인위생

### 1) 복장위생

**머리**
- 매일 감고 긴 머리는 묶기
- 머리망에 넣기

**모자**
- 귀와 머리카락이 보이지 않게 착용
- 망사모자는 피함

**상의**
- 흰색이나 옅은 색상의 면소재 목둘레나 소맷단이 늘어지지 않는 것
- 매일 세척 후 건조착용
- 외출복과 구분 보관 정리

**토시**
- 매일 세척 후 건조착용

**화장**
- 지나친 화장과 향수, 인조속눈썹 등의 부착물 사용을 금함

**장신구**
- 목걸이, 귀걸이 등 장신구 착용을 금함

**마스크**
- 코까지 덮기

**앞치마**
- 세척·소독 후 건조착용
- 착용 중 청결 유지
- 전처리용, 조리용, 배식용, 세척용으로 구분 사용

**하의**
- 몸에 여유가 있는 복장
- 매일 세척 후 건조착용
- 외출복과 구분 보관관리

**신발**
- 신고 벗기 편리하고 미끄럽지 않은 재질 선택
- 외부용 신발과 구분착용

**복장위생**

## 2) 개인청결 준수사항

### ① 손씻기

개인위생사항 중 가장 중요한 것이 손 씻기이다. 외식업소에서 반드시 손을 씻어야 하는 경우는 다음과 같다.

- 작업을 시작하기 전
- 조리실에 들어가기 전
- 외출에서 돌아왔을 때
- 화장실에 다녀온 후
- 취급하는 식재료가 바뀔 때마다
- 생선, 날고기 등을 만지고 난 후
- 코를 풀거나 재채기 등 신체의 일부를 만지고 나서
- 애완동물을 만지고 난 후
- 흡연 후
- 쓰레기 등 오물이나 청소도구를 만졌을 때
- 원재료를 다듬거나 세척작업 후
- 기타 손을 오염시킬 수 있는 것을 만졌을 경우
- 귀, 입, 코, 머리와 같은 신체부위를 만지거나 긁은 경우
- 청소나 기구 세척 후
- 음식 또는 음료 섭취 후

올바른 손의 세정 및 소독법은 다음과 같다.

● 팔꿈치 아래까지 비누로 씻고 오염물을 수시로 제거한다.
● 비누거품을 충분히 내어 씻고 흐르는 미지근하고 깨끗한 물로 헹군다.
● 손톱과 손가락 사이도 유의해서 깨끗이 씻어야 한다. 특히 손톱 밑 세정에 주의해야 하고 손톱용 브러시를 사용한다.
● 비누의 알칼리성이 남지 않도록 잘 헹군다.
● 일회용 종이타월이나 손 건조기를 이용하여 물기를 건조시켜야 한다.

올바른 손 씻기 절차는 그림과 같다.

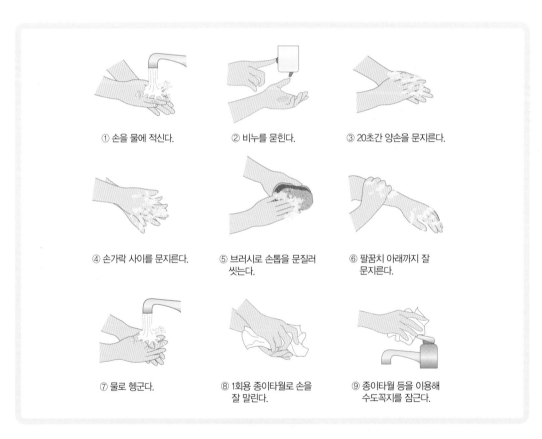

① 손을 물에 적신다.　　② 비누를 묻힌다.　　③ 20초간 양손을 문지른다.

④ 손가락 사이를 문지른다.　　⑤ 브러시로 손톱을 문질러 씻는다.　　⑥ 팔꿈치 아래까지 잘 문지른다.

⑦ 물로 헹군다.　　⑧ 1회용 종이타월로 손을 잘 말린다.　　⑨ 종이타월 등을 이용해 수도꼭지를 잠근다.

올바른 손 씻기 절차

## 3) 전처리 위생관리

전처리 과정에서의 위생관리는 세척과 소독을 통해 식재료를 안전하게 만드는 데 목적이 있다. 전처리 작업은 정해진 장소에서만 실시하고 전처리에 사용되는 기기 및 기구는 용도별, 식품별로 분류하여 교차오염을 방지하고 수시로 소독하여 사용한다. 식재료 작업은 바닥에서 60㎝ 이상의 높이에서 수행하여 바닥의 오물이 튀지 않고 오염되지 않게 한다.

칼, 도마, 고무장갑은 용도별(육류·어류·채소 등)로 구분하여 사용한다. 구분 사용이 어려운 경우 채소–육류–어류–가금류 순으로 하고 각각 처리 후 세척, 소독을 한다.

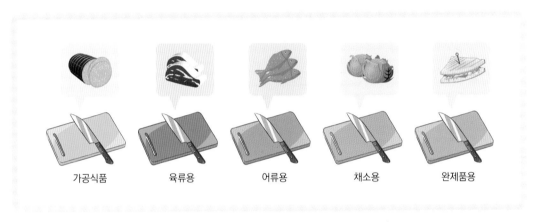

**칼·도마의 구분 사용(나무재질 칼·도마 사용 금지)**

**재료별 세척 순서**

## 2. 식품취급자로서의 위생의무사항

- 손톱을 짧게 깎고 손을 가능한 한 깨끗하게 유지한다.
- 보석류, 시계, 반지는 조리업무가 진행될 때는 착용하지 않는다.
- 종기나 화농이 있는 사람은 조리작업을 하지 않는다.
- 주방은 항상 정리정돈과 청결을 유지한다.
- 작업 중 화장실 출입을 하지 않으며 용변 후에는 반드시 손을 씻는다.
- 식품을 취급하는 기구나 기물 및 장비는 입과 귀, 머리 등에 접촉하지 않는다.
- 더러운 도구나 장비가 음식에 닿지 않도록 한다.
- 손가락으로 음식 맛을 보지 않는다.
- 향이 짙은 화장품은 사용하지 않는다.
- 규정된 조리복을 착용한다.
- 위생원칙과 식품오염의 원인을 숙지한다.
- 정기적인 위생 및 조리교육을 이수한다.
- 식품이나 식품용기 근처에서 기침, 침뱉기, 재채기 및 흡연을 하지 않는다.
- 조리업무에 지장을 초래할 정도로 병이 났을 때에는 집에서 쉰다.
- 항상 자신의 건강상태를 점검한다.

# 기본 썰기 습득하기

## 1. 썰기

조리하기에서 썰기는 식품의 맛과 향을 살리면서 조리를 용이하게 하고 먹기 쉽고 소화가 잘 되도록 하며 음식의 모양을 좋게 하여 예술성을 높여준다.

**기본 썰기**

## 1) 통썰기

모양이 둥근 오이, 당근, 무, 연근, 호박 등을 원하는 두께의 통으로 써는 방법이다. 조림, 국, 절임, 초절임, 장아찌 등에 따라 두께를 조절하여 썬다.

## 2) 반달썰기

무, 고구마, 감자, 호박, 오이 등을 길이로 반을 가른 다음 원하는 두께로 써는 방법이다. 주로 찜이나 조림 요리에 이용되며 두께는 조리시간을 고려하여 조절한다.

## 3) 은행잎썰기

재료를 길게 십자로 썰어 원하는 두께로 써는 방법이다. 감자, 당근, 무 등을 썰어 주로 찌개나 조림에 사용한다.

## 4) 얄팍썰기

재료를 원하는 길이로 자르고 고른 두께로 얇게 썰거나 재료를 있는 그대로 얄팍하게 써는데 0.5cm 이하의 두께로 썬다. 볶음이나 무침에 사용한다.

## 5) 채썰기

얄팍썰기한 것을 포개어 놓고 손으로 가볍게 누른 뒤 가늘게 썬다. 생채나 숙채에 사용한다.
오이, 당근, 호박 등을 돌려깎기하여 재료를 포개어 놓고 가늘게 채를 썬다.

## 6) 어슷썰기

오이, 파, 고추 등 가늘고 길쭉한 재료를 적당한 두께로 어슷하게 써는 방법이다. 조림, 찜 등에 사용한다.

## 7) 골패썰기

둥근 재료의 가장자리를 네모지게 잘라내고 직사각형으로 얇게 써는 방법이다. 보통 1cm× 4cm×0.3cm로 썰거나 1.5cm×5cm×0.5cm 크기로 썬다. 생채나 전골 등에 사용한다.

## 8) 나박썰기

둥근 재료의 가장자리를 네모지게 잘라내고 사각형으로 써는 방법이다. 보통 2.5cm×2.5cm

×0.2cm 크기로 썬다. 김치나 국 등에 사용한다.

## 9) 깍둑썰기

무, 감자, 당근 등을 직사각형으로 써는 방법이다. 보통 2.5cm×2.5cm×2.5cm 크기로 썬다. 깍두기, 조림, 찌개 등에 사용한다.

## 10) 다져썰기

채썬 것을 잘게 써는 방법이다. 0.2~0.3cm 크기로 썬다. 파, 마늘, 생강, 양파 등에 사용한다.

## 11) 막대썰기

재료를 원하는 길이로 토막낸 다음 원하는 굵기의 막대모양으로 써는 방법이다. 보통 0.5cm×0.5cm×5cm 또는 0.6cm×0.6cm×5cm 크기로 썬다. 무, 오이 등을 썰어 장과류에 사용한다.

## 12) 마구썰기

오이나 당근 등 가늘면서 길이가 있는 재료를 한 손으로 돌려가며 한입 크기로 각이 지게 써는 방법이다. 조림이나 찜 등에 사용한다.

## 13) 깎아썰기

당근, 우엉, 무 등의 재료를 돌려가며 연필 깎듯이 칼날의 끝부분으로 얇게 써는 방법이다. 김치, 생채 등에 사용한다.

## 14) 각치기

무, 당근, 호박 등의 재료를 깍둑썰기나 원통형으로 하여 모서리진 부분을 도려내고 찜 등에 사용한다.

√ 학습자 완성품 사진

| 학습내용 | 사진 | 평가 | | |
|---|---|---|---|---|
| | | 상 | 중 | 하 |
| **무 채썰기**<br>6cm x 0.2cm x 0.2cm | | | | |
| **당근 채썰기**<br>6cm x 0.2cm x 0.2cm | | | | |
| **돌려깎기**<br>5cm x 0.2cm x 0.2cm | | | | |
| **황 · 백지단**<br>골패형, 마름모형, 지단채 썰기 | | | | |
| **석이버섯 채썰기**<br>0.2cm로 채썰어 볶기 | | | | |
| **표고버섯 채썰기**<br>0.3cm x 0.3cm | | | | |
| **소고기 채썰어 볶기**<br>5cm x 0.3cm x 0.3cm | | | | |

# 기본 조리법 습득하기

##  1. 한식의 조리법과 종류

### 1) 밥류

밥짓기는 곡물과 물을 함께 넣고 끓여서 수분을 흡수시켜 익힌 후에 충분히 뜸을 들여서 완전히 호화시키는 것이다.

쌀의 종류, 건조도, 쌀과 물의 분량, 밥솥, 열원에 따라 밥을 짓는 시간과 물의 양을 다르게 한다.

밥을 지을 때에는 쌀을 씻어 30분 정도 물에 불리는 것이 좋으며 밥물은 1.2배~1.4배, 부피로는 1.0배~1.2배가 적당하다. 불의 세기는 처음에는 센 불에서 끓이다가 중불과 약불로 조절한다.

별식의 밥으로는 채소류, 어패류, 육류 등을 넣어 짓기도 하며 밥 위에 나물과 고기를 얹어서 비벼 먹는 밥도 있다.

밥의 종류에는 흰밥, 오곡밥, 영양잡곡밥, 김치밥, 곤드레밥, 팥밥(홍반), 보리밥, 채소고기밥, 감자밥, 콩밥, 콩나물밥, 비빔밥 등이 있다.

### 2) 죽류

죽은 곡물을 알곡 또는 갈아서 물을 넣고 끓여 완전히 호화시킨 것으로 곡물만을 이용하는 것이 아니라 어육류, 채소류, 한약재를 넣어 만든 죽도 있다. 죽은 주식뿐만 아니라 보양식, 환자식, 구황식, 별미음식 등으로 다양하게 이용되어 왔다.

죽은 곡물 재료를 충분히 물에 담가 불린 다음 약 6~7배 정도의 물을 넣고 끓인다. 죽이 끓어오르면 불을 줄여 약불로 서서히 끓이고 중간중간 나무주걱으로 저어준다. 죽의 간은 먹기 직전에 하며 나박김치나 동치미를 함께 곁들이면 좋다.

죽의 종류에는 팥죽, 녹두죽, 행인죽, 잣죽, 밤죽, 흑임자죽, 아욱죽, 김치죽, 타락죽, 콩나물죽, 호박죽, 전복죽, 홍합죽, 호두죽, 옥수수죽, 호박범벅, 장국죽 등이 있다.

미음은 죽과 달리 곡물을 푹 고아서 체에 밭친 것이다. 쌀의 15~20배 정도의 물을 붓고 끓이며 쌀미음, 메조미음, 찹쌀미음, 차조미음 등이 있다.

응이는 곡물의 전분을 물에 풀어 끓인 것으로 마실 수 있을 정도로 묽게 끓인다. 10~15배 정도의 물을 넣어 끓이고 설탕 또는 소금을 곁들이며 율무응이, 수수응이, 연근응이 등이 있다.

## 3) 면류

밀·메밀·감자 등의 가루를 반죽하여 얇게 밀어서 썰거나 국수틀로 가늘게 뺀 식품, 또는 그것을 삶아 국물에 말거나 비벼서 먹는 음식을 국수라 한다.

예부터 국수는 생일이나 혼인, 회갑 등 잔치 때의 손님 접대 음식으로, 평상시에는 점심 때의 별식으로 먹어 왔다. 우리는 국수를 한문으로 면(麵)이라고 하지만 면은 원래 밀가루를 의미한다. 삶은 면을 물로 헹구어 건져 올린다고 하여 국수(掬水)라고 칭하였다.

국수류의 종류에는 콩국수, 완두콩국수, 쟁반막국수, 잣국수, 회국수, 열무김치막국수, 비빔냉면, 물냉면, 회냉면, 팥칼국수, 닭칼국수, 바지락칼국수, 수제비, 비빔국수, 국수장국, 칼국수가 있고 만두류에는 만둣국, 굴린만두, 편수, 규아상, 석류탕, 병시, 김치만두, 떡만둣국, 어만두, 배추만두, 물만두 등이 있고 떡국류에는 굴떡국, 생떡국, 조랭이떡국 등이 있다.

## 4) 국, 탕류

삼국시대부터 주·부식 분리형의 일상식이 행해졌고, 일상식의 부식 중 반찬으로 국이 기본으로 사용되어 왔다. 국은 식품의 좋은 맛이 국물에 많이 옮겨지도록 조리한 것으로 반상차림에서 필요한 음식의 하나이다.

국의 종류에는 육수나 장국에 간장 또는 소금으로 간을 맞추고 건더기를 넣어 끓인 맑은장국과 장국을 된장 또는 고추장으로 간을 맞추고 건더기를 넣어 끓인 토장국, 고기를 푹 고아서 고기와 국물을 같이 먹는 곰국, 설렁탕, 차게 해서 먹는 냉국이 있다.

다양한 종류의 국은 주재료나 조리법을 달리하며 계절이나 부식의 종류에 따라 적절하게 끓여 먹는데 이를 계절별로 보면 다음과 같다. 봄에는 애탕국, 생선맑은장국, 생고사리국 등의 맑은장국과 냉이토장국, 소루쟁이토장국 등 봄나물로 끓인 국을 먹었다. 여름에는 미역냉국, 오이냉국, 깻국 등의 냉국류와 보양을 위한 육개장, 영계백숙, 계삼탕 등의 곰국류를 먹었다. 가을에는 무

맑은장국, 토란국, 버섯맑은장국 등의 주로 맑은 장국류를 먹었다. 겨울에는 시금치토장국, 우거짓국, 선짓국, 꼬리탕 등 곰국류나 토장국류를 먹었다.

## 5) 찌개, 전골류

찌개는 조치, 지짐이, 감정이라고도 하는데, 모두 건지가 국보다는 많고 간이 센 편으로 밥에 따르는 찬품이다. 조치란 궁중에서 찌개를 일컫는 말이고, 감정은 고추장으로 조미한 찌개이다. 지짐이는 국물이 찌개보다 적은 편이나 뚜렷한 특징은 없다.

찌개의 종류에는 감동젓찌개, 감정, 강된장찌개, 게감정, 게알조치, 게조치, 계란조치, 골조치, 굴두부조치, 굴비찌개, 굴찌개, 김치순두부, 김치조치, 꽃게찌개, 닭젓국조치, 담북장찌개, 대구고니와 조개매운탕, 대구명태이리찌개, 도루묵젓찌개, 도미찌개, 동아갱, 동태찌개, 되비지탕, 된장찌개, 두부고추장찌개, 두부새우젓찌개, 두부찌개, 마른대구찌개, 명란젓찌개, 명란조치, 명태조치, 무새우젓찌개, 무장찌개, 무젓국조치, 민어찌개, 밴댕이찌개, 북어찌개, 붕어찌개, 비웃찌개, 비지찌개, 새우젓시래기찌개, 새우젓찌개, 생선고추장찌개, 선지찌개, 송이찌개, 수잔지, 순두부찌개, 숭어조치, 알찌개, 양찌기찌개, 어복쟁반, 연어알찌개, 오이감정, 오이장, 왁저지, 우거지찌개, 웅어감정, 자반방어찌개, 잡탕찌개, 젓국찌개, 조연포갱, 준치찌개, 중탕, 처녑조치, 청국장찌개, 콩비지찌개, 표고버섯찌개, 풋고추찌개, 해갱, 호박오가리찌개 등이 있다.

전골이란 육류와 채소에 밑간을 하여 그릇에 담아 준비하여 상 옆의 화로 위 전골틀에 올려놓고 즉석에서 만들어 먹는 음식이다.

전골의 종류는 각색전골, 갖은전골, 고기전골, 굴전골, 낙지전골, 돈육전골, 생굴전골, 생선전골, 생치전골, 송이전골, 소고기전골, 조개전골, 콩팥전골, 토끼고기전골, 노루전골, 대합전골, 두부전골, 버섯전골, 채소전골, 면신선로, 신선로 등으로 들어가는 주재료에 따라 다양하다.

## 6) 찜, 선류

찜은 육류, 어패류, 채소류를 국물과 함께 끓여서 익히는 방법과 증기로 쪄서 익히는 방법이 있다. 끓이는 찜은 소갈비찜, 소꼬리찜, 사태찜, 돼지갈비찜, 가지찜, 배추찜 등이 있다.

선은 채소나 생선, 두부를 이용하여 찜으로 끓이거나 찌는 방법이 있고 현대로 오면서 볶기도 하는데 선의 종류는 오이선, 호박선, 가지선, 동아선, 어선, 두부선, 배추선, 태극선, 무선, 고추선, 마늘선, 채란, 청어선, 겨자선, 계란선, 배선 등이 있다.

## 7) 조림, 초, 볶음류

조림은 육류, 어패류, 채소류로 간을 약간 세게 하여 주로 반상에 오르는 찬품이다. 조리개라고도 한다. 소고기 장조림같이 오래 놓아두고 밑반찬으로 할 것은 간을 세게 한다. 대개 맛이 담백한 흰 살 생선은 진간장으로 조리고, 붉은 살 생선이나 비린내가 많이 나는 생선류는 고춧가루나 고추장을 넣어 조린다.

조림의 종류에는 가자미조림, 간조림, 갈치조림, 감자조림, 고등어조림, 광어조림, 꼬시락조림, 꼴뚜기조림, 꿩조림, 농어조림, 다시마조림, 달걀조림, 닭조림, 대구조림, 댕가지조림, 도루묵조림, 도미조림, 도미통조림, 동태조림, 돼지고기다시마조림, 돼지고기조림, 두부장조림, 두부조림, 마른조갯살조림, 멸치조림, 명태조림, 문어조림, 민어조림, 밤은행조림, 병어조림, 북어조림, 붕어조림, 미웃조림, 생선고추장조림, 생치장조림, 생치조림, 수라조림, 숭어조림, 약산적조림, 약포조림, 잉어조림, 장어조림, 제육조림, 전복조림, 전어조림, 정어리조림, 제육뼈조림, 조기조림, 준치조림, 천어잔생선조림, 편육조림, 표고조림, 호두조림 등이 있다.

초(炒)는 원래 볶는다는 뜻이지만 습열(濕熱), 건열(乾熱)의 두 가지 뜻으로 쓰이며, 번철에 기름을 두르고 강화(强火)로 단시간 처리하는 간접 가열법이다. 가열 중에 교반이 쉽게 이루어질 수 있도록 큰 식품은 알맞게 썰어두어야 한다. 또 초법(炒法)은 가열 중 조리가 가능하지만 재료가 유지의 박막(薄膜)에 싸여 있기 때문에 조미료의 침투는 늦다.

초 조리법은 이용되는 양념에 따라 장 볶기, 고추장 볶기 등의 명칭이 생기고, 또 주재료에 따라 양 볶기 등의 명칭이 생긴다.

우리 조리법에서는 조리다가 나중에 녹말을 풀어 넣어 국물이 엉기게 하며 대체로 간은 세지 않고 달게 한다. 초의 재료로는 홍합과 전복을 가장 많이 쓴다.

초의 종류에는 홍합초, 전복초, 해삼초 등이 있다.

볶음은 육류, 어패류, 채소류 등을 손질하여 기름에 볶아낸 것으로 기름에만 볶는 것이 아니라 양념하여 볶는 것 등이 있다. 건열 볶음에는 고추장볶음, 멸치볶음, 새우볶음, 조갯살볶음, 오징어채볶음, 쥐치채볶음 등이 있고, 습열 볶음에는 낙지볶음, 우엉볶음, 제육볶음 등이 있다.

## 8) 전, 적, 튀김류

전이라 함은 일반적으로 고기, 채소, 생선 등의 재료를 다지거나 얇게 저며서 밀가루, 달걀로 옷을 입혀 번철에 기름을 두르고 열이 잘 통하게 납작하게 하여 양면을 지져내는 것을 말한다.

### ✓ 전에 사용된 주재료

- 수육류 : 소고기(업진육, 우심내육), 내장(간, 천엽, 양, 부아, 지라), 골(두골, 등골), 피, 혀, 돼지고기(간), 사슴고기, 토끼고기
- 조육류 : 꿩고기, 닭고기, 메추라기고기, 참새고기
- 생선류 : 가자미, 고래, 광어, 대구, 도미, 동태(명태, 북어, 명란), 미꾸라지, 민어, 밴댕이, 뱅어, 병어, 청어, 쏘가리, 숭어, 잉어, 정어리
- 패류 : 굴, 대합, 무명조개, 조개, 소라, 패주, 홍합
- 갑각류 : 게, 새우
- 연체류 : 낙지, 해삼, 오징어
- 채소류 : 가지, 감국잎, 감자, 깻잎, 고구마, 고사리, 고추, 달래, 당근, 더덕, 도라지, 마늘, 무, 박고지, 배추, 부추, 쑥갓, 숙주, 양파, 연근, 우엉, 인삼, 자충이(쪽파뿌리), 참나물, 토마토, 토란, 파(실파, 움파), 피망, 늙은 호박, 애호박
- 버섯류 : 느타리, 돌버섯, 석이, 송이, 양송이, 표고
- 해조류 : 김, 다시마
- 난류 : 달걀
- 두류 : 녹두, 흰콩
- 곡류 : 밀, 메밀, 옥수수, 수수
- 가공식품 : 김치, 묵, 두부
- 기타 : 비빔밥, 도토리

전에 사용되는 부재료는 밤, 잣, 대추, 풋마늘, 실고추 등이고, 연결제 역할을 하는 것은 밀가루, 메밀가루, 멥쌀가루, 찹쌀가루, 녹말 등이다.

전에 사용되는 양념류는 묽은 장, 장, 초장, 식초, 잣가루, 겨자, 설탕, 마늘, 파, 깨소금, 소금,

통깨, 생강, 후춧가루, 소금, 고춧가루, 멸치국물 등이다.

적(炙)은 육류, 채소, 버섯 등을 양념하여 대꼬치에 꿰어 구운 것이다. 산적은 익히지 않은 재료를 꼬치에 꿰어서 지지거나 구운 것이고, 누름적은 재료를 양념하여 익힌 다음 꼬치에 꿴 것과 재료를 꼬치에 꿰어 전을 부치듯 옷을 입혀서 지진 것(지짐누름적) 등의 두 종류가 있다. 또한 꼬치에 꿰지 않으나 다진 소고기를 두부와 합하여 얇게 반대기를 한 장으로 만들어서 굽는 섭산적과 이를 간장에 넣어 조린 장산적이 있다.

적의 재료는 다양하여 고기뿐 아니라 파, 당근, 도라지, 두릅 등의 채소류, 송이, 표고 등의 버섯류, 민어, 광어 등의 생선류 등이 이용되고 김치, 떡 등도 적의 재료로 이용된다. 적은 채소, 고기, 버섯 등의 여러 식품들이 어우러져 영양적으로 우수한 음식이다. 또한 다양한 색상의 식품을 색색이 꿰었으므로 색감이 뛰어나 혼인·수연(壽宴)의 큰상에 쓰이고 제상의 제물로 쓰인다.

튀김은 주재료에 가볍게 밀가루를 묻히고 튀김옷을 입혀 기름에 튀긴 음식이다. 한국 음식에서 흔하지 않은 고유한 튀김요리로는 튀각과 부각이 있다.

튀각은 다시마, 가죽나무순, 호두 등을 기름에 튀긴 것이다. 부각은 재료를 그대로 말리거나 찹쌀풀이나 밥풀을 묻혀서 말렸다가 튀긴 반찬으로 감자, 고추, 깻잎, 김, 가죽나무잎 등으로 만든다.

튀김은 본래 사찰에서 많이 쓰이던 조리법으로, 지금도 튀각은 사찰의 대표적인 음식으로 여겨지고 있다. 승려들은 식품의 사용에 많은 제한을 받았기 때문에 기름 사용이 많은 조리법이 발달한 것으로 추측된다.

## 9) 구이류

구이는 인류가 불을 이용해 가장 먼저 조리한 음식이다. 끓이거나 조리는 음식은 그릇이 생긴 다음에 시작되었지만 구이는 특별한 기구 없이 불에 쬐기만 해도 되기 때문이다.

양념에는 간장, 고추장, 소금양념이 있으며, 미리 양념하였다가 굽는 방법과 구우면서 양념하는 방법이 있다.

구이는 직화법과 간접법을 이용해 조리할 수 있으며, 방자구이, 맥적, 삼겹살구이, 소갈비구이, LA갈비구이, 돼지갈비구이, 닭구이, 오리소금구이, 오리양념구이, 닭발구이, 간구이, 막창구이, 뱅어포구이, 장어구이, 꽁치구이, 고등어구이, 병어양념구이, 대합구이, 대하구이, 오징어솔방울구이, 김구이, 가래떡구이, 너비아니구이, 제육구이, 생선양념구이, 북어구이, 더덕구이 등이 있다.

## 10) 생채, 숙채, 회류

생채(生菜)는 계절마다 새로 나오는 싱싱한 채소를 익히지 않고 초장, 초고추장, 겨자장으로 무친 가장 일반적인 반찬이다. 설탕과 식초를 조미료로 써서 달고 새콤하며 산뜻한 맛을 낸다. 무, 배추, 상추, 오이, 미나리, 더덕, 산나물 등 날로 먹을 수 있는 채소로 만드는데 해파리, 미역, 파래, 톳 등의 해초류나 오징어, 조개, 새우 등을 데쳐 넣고 무치기도 한다. 겨자채나 냉채도 생채에 속한다.

생채의 종류로는 무생채, 오이생채, 도라지생채, 오이노각생채, 갓채, 겨자채, 더덕생채, 초채 등이 있다.

나물은 가장 대중적인 찬품으로 원래는 생채(生菜)와 숙채(熟菜)의 총칭이나 지금은 대개 익은 나물인 숙채를 가리킨다. 나물 재료로는 거의 모든 채소가 쓰이는데, 푸른잎 채소는 끓는 물에 파랗게 데쳐서 갖은 양념으로 무치고, 고사리, 고비, 도라지는 삶아서 양념하여 볶는다. 말린 취, 고춧잎, 시래기 등은 불렸다가 삶아서 볶는다. 나물은 참기름과 깨소금을 넉넉히 넣고 무쳐야 부드럽고 맛있다. 신선한 산나물은 초고추장에 신맛이 나게 무치기도 한다.

냉채(冷菜)는 마무리된 상태가 차가운 음식을 통틀어 가리키는 말이다. 그 범위가 매우 넓고 더욱이 공간전개형의 우리나라 배선에서는 중요한 자리를 차지하고 평소 밥반찬, 술안주로도 중요한 것이다. 냉채의 재료로써 차가워지면 맛이 나빠지는 것은 피해야 하고 또 차가워지면 변색하거나 변패되기 쉬운 것도 삼가야 한다. 잣즙냉채, 겨자채, 호두즙냉채 등 즙에 따라 이름이 붙기도 한다.

숙채의 종류에는 죽순채, 탕평채, 오이나물, 가지나물, 도라지나물, 호박나물, 숙주나물, 무나물, 고비나물, 미나리나물, 잡채, 쑥갓나물, 파나물, 콩나물, 물쑥나물, 고사리나물, 풋나물, 시래기나물, 두릅나물, 고춧잎나물, 취나물, 호박오가리나물, 씀바귀나물, 버섯나물, 시금치나물, 표고나물, 순채, 깻잎나물, 석이나물, 방풍채, 연근채, 상추동나물, 각색채, 냉이나물 등이 있다.

『시의전서』에 의하면 어회(魚膾)는 "민어를 껍질을 벗겨 살을 얇게 저미면서 살결대로 가늘게 썰어 기름을 발라 접시에 담고 겨자와 초고추장을 식성대로 쓴다"고 하였다. 또 작은 생선, 조개, 굴의 무리도 대개 날것 그대로 회로 하고 있다.

낙지, 생문어, 소라, 생복, 생해삼 등은 살짝 데쳐 썰어 회로 하는 경우가 있다. 낙지나 문어는 대개 데쳐낸다. 그러면 본디의 뜻인 회 곧 생회는 아니니 『주방문』에서는 "낙지회"라 하였고 『시의전서』에서는 숙회(熟膾)라 하였다. 이와 같이 우리나라에서는 낙지, 문어를 약간 데쳐서 회로 한다.

회의 종류로는 가자미회, 가지회, 간처녑회, 갑회, 갯장어회, 계회, 고등어회, 광어회, 굴회, 꼬막회, 꼴뚜기회, 낙지숙회, 대하회, 대합숙회, 대합회, 도미회, 두릅회, 멍게회, 물회, 미꾸라지회, 미나리강회, 민어회, 뱀장어회, 병어회, 북어회, 생굴초회, 생멸치회, 생미역초회, 생복회, 생오징어초회, 생해삼무침, 석화회, 소라회, 송이회, 숭어회, 어채, 오징어회, 우렁회, 육회, 잉어숙회, 잉어회, 자리회, 장어회, 전복숙회, 전어회, 조개어채, 조개회, 조기회, 죽순회, 짱뚱이회, 파강회, 피래미초회, 해삼초회, 향어회, 홍어회 등이 있다.

## 11) 김치류

김치는 우리 식생활에서 가장 기본이 되는 반찬으로 대표적인 저장발효음식이다. 김치는 소금에 절여 저장하는 동안 발효되어 유산균이 생겨서 독특한 신맛이 나며 고추의 매운맛과 잘 어우러져 식욕을 돋우고 소화작용도 돕는다.

김치의 종류로는 깍두기, 배추김치, 백김치, 나박김치, 장김치, 열무김치, 총각김치, 얼갈이김치, 풋고추김치, 파김치, 부추김치, 오이물김치, 깻잎김치, 토마토김치 등이 있다.

## 12) 음청류

음청류는 술 이외의 모든 기호성 음료를 말한다. 우리나라는 예부터 산이 많아 깊은 계곡의 맑은 물과 샘물이 양질의 감천수였으므로 이런 물을 약수라 하여 좋은 음료로 사용할 수 있었다. 자연수와 함께 여러 가지 향약재, 식용열매, 꽃과 잎, 과일 등을 달이거나 꿀에 재우는 여러 가지 방법을 이용하여 음청류가 발달하였다.

음청류의 종류에는 수정과, 식혜, 원소병, 보리수단, 떡수단, 율무미수, 송화밀수, 녹두나화, 책면, 오미자화채, 산사화채, 딸기화채, 밀감화채, 수박화채, 안동식혜, 녹차, 현미차, 국화자, 모과차, 오미갈수, 배숙 등이 있다.

## 13) 한과조리류

한과는 쌀이나 밀 등의 곡물가루에 꿀, 엿, 설탕 등을 넣고 반죽하여 기름에 튀기거나 과일, 열매, 식물의 뿌리 등을 꿀로 조리거나 버무린 뒤 굳혀서 만든 과자이다.

한과의 종류에는 모약과, 궁중약과, 만두과, 만주풍과자, 보리새우매작과, 채소과, 매작과, 계강과, 곶감쌈, 율란, 조란, 생란, 당근란, 밤초, 대추초, 연근정과, 도라지정과, 무정과, 감자정과, 편강, 깨엿강정, 호두강정, 잣박산, 오미자편, 레몬편, 콩다식, 송화다식, 흑임자다식, 진말다식, 양갱 등이 있다.

## 14) 장아찌류

장아찌는 제철에 흔한 채소를 간장, 고추장, 된장 등에 넣어 장기간 저장하는 음식이다. 사계절이 뚜렷한 우리나라는 계절마다 다르게 자라는 여러 가지 채소를 적절한 저장법으로 가공하여 비축하였다. 겨울철에는 김치와 함께 비타민을 공급해 주는 중요한 식품 중 하나였다.

장아찌의 종류에는 감자장아찌, 가지장아찌, 더덕간장장아찌, 더덕고추장장아찌, 마늘장아찌, 무장아찌, 새송이장아찌, 오이장아찌, 풋고추장아찌, 김장아찌, 매실장아찌, 산마늘장아찌, 통양파장아찌, 인삼장아찌, 무숙장아찌, 오이숙장아찌 등이 있다.

## 2. 한식의 상차림

우리나라 일상의 상차림은 독상이 기본이다. 밥을 주식으로 하고 어울리는 반찬을 부식으로 만들어 함께 먹는 것이 우리나라의 상차림이다.

상차림은 죽상, 면상, 주안상, 다과상 등으로 나눌 수 있고, 상차림의 목적에 따라 교자상, 돌상, 큰상, 제상 등으로 나눌 수 있으며 계절에 따라 구성이 다양하다.

상은 네모지거나 둥근 것을 썼으며, 음식을 놓는 위치가 정해져 있어 차림새가 질서정연하였고 음식예법을 중하게 여겼다. 그릇은 사기반상기를 여름에 사용하고, 은반상기나 유기(놋그릇) 반상기는 겨울에 사용하였다.

✔ 상차림의 분류

● 주식에 따른 분류 : 밥상, 죽상, 국수상, 만두상

● 인원구성에 따른 분류 : 독상, 겸상, 두레상, 교자상

● 기호식에 따른 분류 : 술상, 다과상, 떡상

✔ 반상차림의 기준

| 내용구분 | 첩수에 들어가지 않는 음식(기본음식) | | | | | | | 첩수에 들어가는 음식(쟁첩에 담는 음식) | | | | | | | | | | |
|---|---|---|---|---|---|---|---|---|---|---|---|---|---|---|---|---|---|---|
| | 밥 | 국 | 김치 | 장류 | 찌개(조치) | 찜(선) | 전골 | 나물 생채 | 나물 숙채 | 구이 | 조림 | 전 | 마른반찬 | 장과 | 젓갈 | 회 | 편육 | 수란 |
| 3첩 | 1 | 1 | 1 | 1 | | | | 택1 | | 택1 | | | 택1 | | | | | |
| 5첩 | 1 | 1 | 2 | 2 | 1 | | | 택1 | | 1 | 1 | 1 | 택1 | | | | | |
| 7첩 | 1 | 1 | 2 | 3 | 2 | 택1 | | 1 | 1 | 1 | 1 | 1 | 택1 | | | 택1 | | |
| 9첩 | 1 | 1 | 3 | 3 | 2 | 1 | 1 | 1 | 1 | 1 | 1 | 1 | 1 | 1 | 1 | 택1 | | |
| 12첩 | 1 | 2 | 3 | 3 | 2 | 1 | 1 | 1 | 1 | 2 | 1 | 1 | 1 | 1 | 1 | 1 | 1 | 1 |

## 1) 반상차림

### ① 3첩 반상

구성

● 기본음식 – 밥, 국, 김치, 장

● 첩수음식 – 생채 또는 나물, 구이 또는 조림, 마른 찬, 장과, 젓갈 중 한 가지

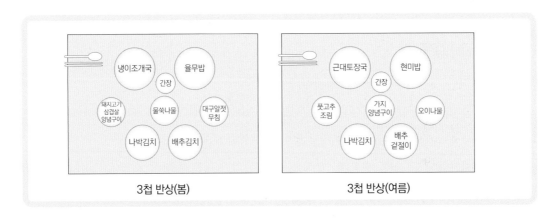

3첩 반상(봄)                    3첩 반상(여름)

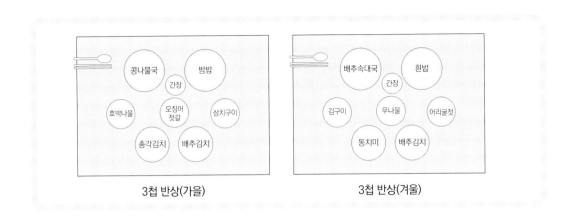

3첩 반상(가을)　　　　　3첩 반상(겨울)

## ② 5첩 반상

구성

- 기본음식 – 밥, 국, 김치, 장, 찌개(조치)
- 첩수음식 – 생채 또는 숙채, 구이, 조림, 전, 마른 찬, 장과, 젓갈 중 한 가지

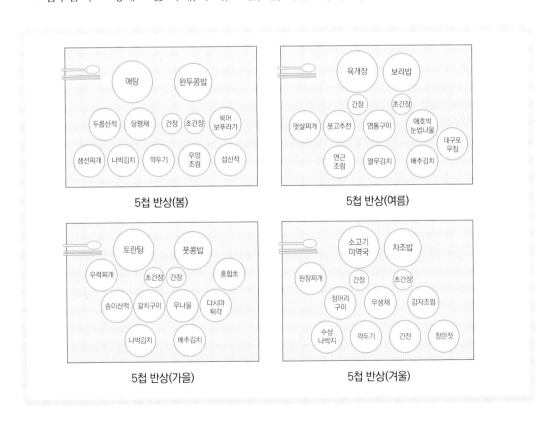

5첩 반상(봄)　　　　　5첩 반상(여름)

5첩 반상(가을)　　　　　5첩 반상(겨울)

### ③ 7첩 반상

구성

● 기본음식 – 밥, 국, 김치, 장, 찌개, 찜(선) 또는 전골
● 첩수음식   생채, 숙채, 구이, 조림, 전,
　　　　　　마른 찬 또는 정과 또는 젓갈 중에서 한 가지
　　　　　　회 또는 편육

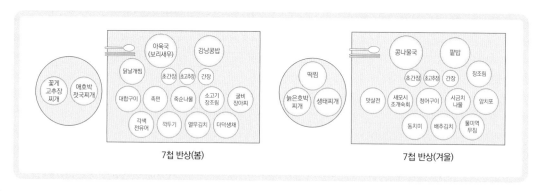

7첩 반상(봄)　　　　　　　　　　　7첩 반상(겨울)

### ④ 9첩 반상

구성

● 기본음식 – 밥, 국, 김치, 장, 찌개, 찜, 전골
● 첩수음식 – 생채, 숙채, 구이, 조림, 전, 마른 찬, 장과, 젓갈, 회 또는 편육

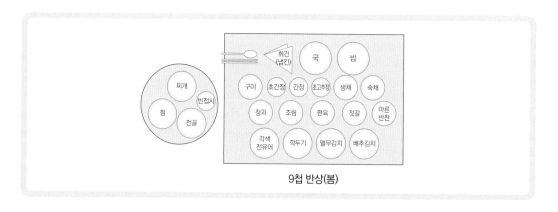

9첩 반상(봄)

⑤ 12첩 반상

`구성`

- 기본음식 – 밥, 국, 김치, 장, 찌개, 찜, 전골
- 첩수음식 – 생채, 숙채, 구이, 조림, 전, 마른 찬, 장과, 젓갈, 회 또는 편육

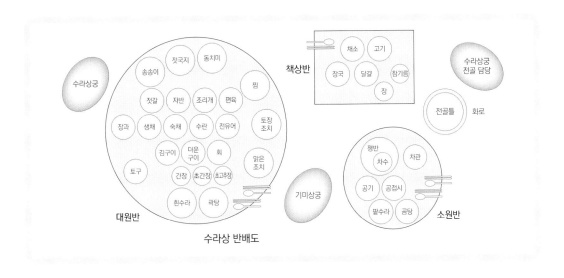

수라상 반배도

## 2) 죽상차림

이른 아침에 초조반 또는 간단한 낮것상으로 차린다.

죽을 주식으로 차릴 때는 국물김치, 맑은 찌개, 장이나 꿀을 기본으로 하고 마른 찬과 포나 자반 등을 함께 차린다.

## 3) 장국상

평상시의 점심식사 또는 잔치 때 손님께 내는 상이다.

국수, 만두, 떡국 등을 주식으로 하고 그 밖의 찬을 함께 차리는 상이다. 식사 후에는 떡이나 조과, 생과, 화채 등을 내고 후식은 한꺼번에 차려내기도 하였으나 식사가 끝난 후에 따로 내는 것이 바람직하다.

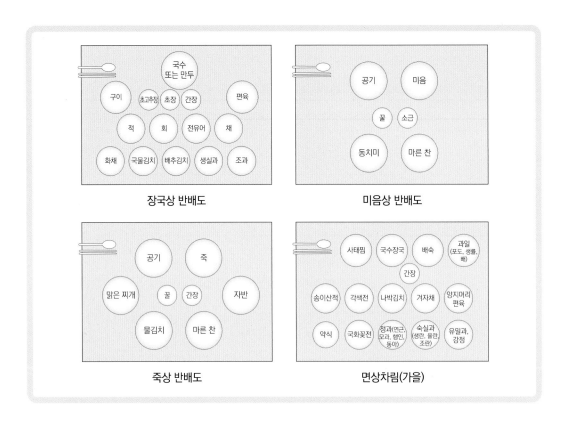

장국상 반배도

미음상 반배도

죽상 반배도

면상차림(가을)

## 4) 주안상

술을 대접하기 위해서 차리는 상이다.

안주는 술의 종류, 손님의 기호도를 고려하여 육포, 어포, 건어, 어란 등의 마른안주와 전, 편육, 찜, 신선로, 전골, 찌개 같은 얼큰한 안주 그리고 나물, 김치 등이 오르며 떡과 한과류가 오르기도 한다.

## 5) 교자상

교자상은 4인을 기준으로 큰 사각형 상이나 대원반에 차린다. 집안에 잔치나 경사가 있을 때 상의 중심에 주된 음식을 놓고 국물 있는 음식은 1인분씩 작은 그릇에 담아 차린다. 국수, 만두, 떡국을 주식으로 하고 부식은 주안상에 차리는 음식들과 같으며 후식으로 다과를 낸다.

술도 마시고 밥도 먹도록 차리는 교자상을 얼교자상이라 하는데 술과 안주를 들고 나서 진지를 들 때는 다시 밥반찬이 되는 찬과 탕을 준비해야 한다.

## 6) 의례상차림

### ① 삼신상

『조선여속고(朝鮮女俗考)』에 따르면, 산모가 첫국밥을 받기 전에 산모방의 서남쪽 구석을 깨끗이 치우고 쌀밥과 미역국을 각각 세 그릇씩 장만하여 삼신(三神)상을 차려 산신(産神)에게 바쳤다고 한다.

### ② 백일상

출생 후 백일이 되는 날을 축하하기 위하여 차리는 상

● 백설기 – 신성함
● 수수경단 – 액운을 막음
● 오색송편 – 만물의 조화

### ③ 돌상

아기가 태어나서 만으로 한 해가 되는 날 차리는 상

● 음식 : 쌀밥, 미역국, 푸른 나물, 백설기, 인절미, 오색송편, 수수경단, 생과일, 국수, 대추, 흰 무명실, 돈
● 남자아이 상 : 칼, 화살, 책, 종이, 붓
● 여자아이 상 : 실, 바늘, 가위, 자

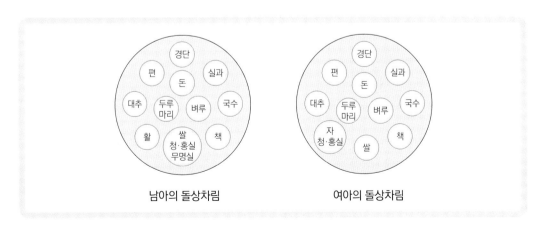

남아의 돌상차림       여아의 돌상차림

- 돌잡이 행사

- 무명실과 국수 : 장수
- 쌀 : 먹을 복
- 종이, 붓, 책 : 학문의 탁월함
- 자, 청 · 홍실 : 여자가 바느질을 잘함
- 돈 : 부귀와 영화를 기원
- 대추 : 자손의 번영
- 활 : 용감하고 무술에 능함

### ④ 생신상

어른 생신날에 축하드리는 마음으로 반상을 제대로 갖추어 차리는데 아침은 흰밥에 미역국을 곁들인 5첩 또는 7첩의 찬을 마련하여 반상차림을 하고 손님을 접대할 때에는 교자상 차림의 상차림을 한다.

### ⑤ 혼례(교배)상

혼례는 신랑, 신부가 주변 사람들의 축복을 받으며 부부로 결합되는 예식이다. 이때 차리는 상을 교배상이라 하는데 일생의 중대한 순간을 기념하는 상인 만큼 그 차림이 매우 특이했다.

상에는 촛불을 밝히는 한 쌍의 촛대, 송죽가지를 꽂은 화병 두 개, 닭 한 쌍, 백미 두 그릇, 술과 잔, 밤, 대추, 은행 등을 올린다.

- 폐백음식

혼례식을 마친 신부가 신랑을 따라 시집에 와서 시댁 식구들에게 드리는 인사를 폐백이라 한다. 폐백을 드릴 때에는 폐백상을 차리며, 음식은 신부가 친정집에서 미리 마련해 온다. 지방마다 약간씩 다르다.

- 서울 : 편포, 육포, 밤, 대추, 엿, 술(시부모)
        닭, 대추, 밤(시조부)
- 전라도: 대추, 꿩
- 충청도, 경상도: 대추, 닭

## ⑥ 회갑수연상

만 60세를 회갑(환갑)이라 한다. 혼례처럼 고배상을 차리고 자손들은 헌주하고, 손님들께 국수장국을 대접한다. 이때는 부모가 다 같이 입맷상을 따로 받고 고배상을 차려 놓은 앞에서 절을 받게 된다. 음식은 음복한다 하여 헐어서 모두에게 나누어 싸준다.

차리는 음식은 다음과 같다.

- 유밀과 : 약과, 만두과, 매작과, 다식과 등
- 강정 : 깨강정, 세반강정, 매화강정, 실백강정 등
- 다식 : 흑임자다식, 송화다식, 밤다식, 녹말다식, 콩다식 등
- 당속 : 옥춘, 팔보당, 국화당, 인삼당 등
- 생실과 : 사과, 배, 감, 귤, 생률 등
- 건과 : 대추, 호두, 은행, 실백, 곶감, 황률 등
- 정과 : 연근정과, 생강정과, 산사정과, 청매정과, 모과정과, 도라지정과 등
- 편 : 백편, 꿀편, 승검초편, 단자, 주악, 화전 등
- 건어물 : 문어오림, 어포, 육포, 전전복 등
- 편육 : 양지머리편육, 제육, 족편 등
- 초 : 홍합초, 전복초, 삼합초 등
- 적 : 육적, 어적, 봉적 등

| 나이 | 이칭 | 의미 | 나이 | 이칭 | 의미 |
|---|---|---|---|---|---|
| 15세 | 지학(志學) | 학문에 뜻을 둠 | 77세 | 희수(喜壽) | 희(喜)자의 초서가 칠십칠(七十七)과 비슷하다는 이유로, 나이 '일흔일곱 살'을 달리 이르는 말 |
| 20세 | 약관(若冠) | 비교적 젊은 나이 | 80세 | 산수(傘壽), 팔순(八旬) | 나이 80세를 이르는 말 |
| 30세 | 입지(立志) | 뜻을 세우는 나이 | 88세 | 미수(米壽) | 팔십팔(八十八)을 모으면 미(米)자가 되는 데서 생긴 말 |
| 40세 | 불혹(不惑) | 사물의 이치를 터득하고 세상 일에 흔들리지 않을 나이 | 90세 | 졸수(卒壽) | 나이 90세를 이르는 말 |

| 나이 | 이칭 | 의미 | 나이 | 이칭 | 의미 |
|---|---|---|---|---|---|
| 50세 | 지천명(知天命) | 하늘의 뜻을 앎 | 91세 | 망백(望百) | 백을 바라본다는 뜻 |
| 60세 | 이순(耳順), 육순(六旬) | 천지만물(天地萬物)의 이치에 통달하고, 듣는 대로 모두 이해할 수 있다. | 99세 | 백수(白壽) | 백(百)자에서 일(一)을 빼면 백(白)자가 되는 데서 나온 말 |
| 62세 | 진갑(進甲) | 환갑의 이듬해 | 111세 | 황수(皇壽) | 황제의 수명 또는 나이 |
| 70세 | 칠순(七旬), 고희(古稀) | 뜻대로 행하여도 도리에 어긋나지 않는 나이, 종심(從心)이라고도 한다. | 120세 | 천수(天壽) | 타고난 수명 |

#### ⑦ 제사와 차례상

제사는 농경과 그 기원을 함께한다. 고대인들은 농사가 사람의 힘만으로 이루어지는 것이 아니라 절대적인 하늘의 힘, 즉 자연이 가져다 주는 혜택에 좌우된다고 믿었다.

여기서 초기의 제천의식이 비롯되었다. 이 같은 의식이 시간이 흐르면서 더욱 발전되어 나를 있게 한 윗세대(조상)를 기리는 의례로 정착된 것이 제사이다.

##### – 사자밥

임종한 사람을 데리러 온다고 하는 저승사자를 대접함으로써 편하게 좋은 곳으로 모셔가 달라는 뜻으로 사자밥을 차린다.

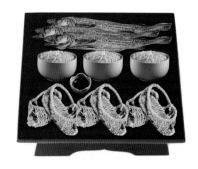

##### – 조석상식

돌아가신 조상을 살아계신 조상 섬기듯 한다는 뜻에서 아침, 저녁으로 올리는 음식을 말한다. 상례 중에는 물론 장례를 치른 뒤 탈상 때까지 조석으로 올린다. 음식은 밥, 국, 김치, 나물, 구이, 조림 등의 찬으로 차린다.

# – 제사와 차례 상

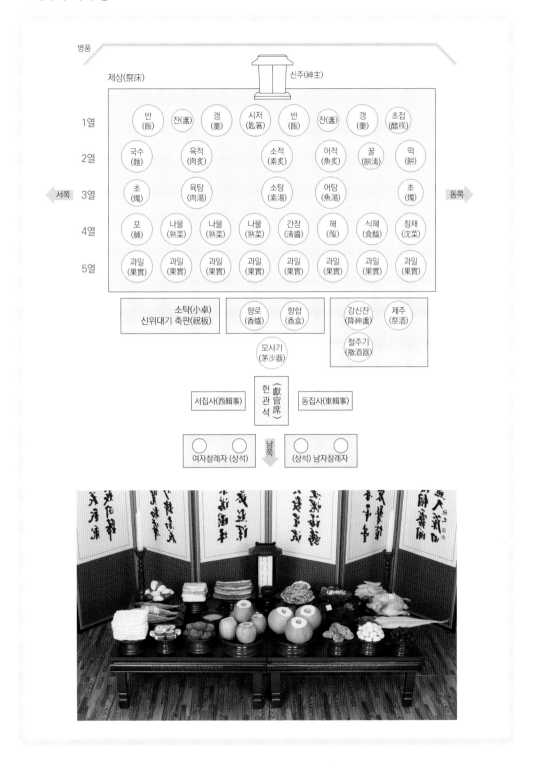

진설법은 성균관을 참고하였다.

- 고비각설(考妣各設) - 내외분이라도 남자 조상과 여자 조상의 상을 따로 차린다.
- 고비합설(考妣合設) - 내외분을 함께 모시고 제사를 지낸다. 즉 아버지 기일 때 어머니도 함께 모시며 하나의 제상에 차린다. 고비합설로 모시는 것이 일반적이다.
- 반서갱동(飯西羹東) - 밥은 서쪽, 국은 동쪽, 이것은 산 사람과 정반대의 상차림이다.
- 시접거중(匙楪居中) - 수저를 담은 그릇은 신위의 앞 중앙에 놓는다.
- 잔서초동(盞西醋東) - 술잔을 서쪽에 놓고 초첩(醋楪)은 동쪽에 놓는다.
- 적전중앙(炙奠中央) - 적은 중앙에 놓는다.
- 어동육서(魚東肉西) - 생선은 동쪽, 고기는 서쪽에 놓는다.
- 두동미서(頭東尾西) - 제수의 머리는 동쪽이고 꼬리는 서쪽에 놓는다.
- 홍동백서(紅東白西) - 붉은 과일은 동쪽이고 흰 과일은 서쪽에 놓는다.
- 면서병동(麵西餠東) - 국수는 서쪽이고 떡은 동쪽에 놓는다.
- 숙서생동(熟西生東) - 익힌 나물은 서쪽이고 김치는 동쪽에 놓는다.

# 계량하기

## 1. 계량기구

### 1) 저울

무게를 측정하는 기구로 g, kg으로 계량한다. 수평으로 놓고 바늘을 0에 고정하고 정면에서 읽는다.

저울          전자저울(대용량)          전자저울(소용량)

**저울의 종류**

### 2) 계량컵

1컵, 1/2컵, 1/3컵, 1/4컵으로 계량한다.

우리나라와 일본의 경우는 1컵을 200ml로 하고, 미국 등은 1컵을 240ml로 사용한다.

### 3) 계량스푼

1Ts, 1ts, 1/2ts, 1/4ts으로 계량한다.

### 4) 온도

주방용 온도계는 비접촉식으로 표면온도를 잴 수 있는 적외선 온도계를 사용하며, 기름이나 당액 같은 액체의 온도를 잴 때는 200~300℃의 봉상 액체온도계, 육류는 탐침하여 육류의 내부 온도를 측정할 수 있는 육류용 온도계를 사용한다.

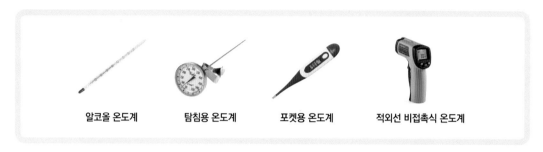

| 알코올 온도계 | 탐침용 온도계 | 포켓용 온도계 | 적외선 비접촉식 온도계 |

온도계의 종류

✓ 화씨와 섭씨 온도의 비교

| 구분 | 섭씨(℃) | 화씨(℉) |
|------|---------|---------|
| 계산식 | $℃ = \dfrac{5}{9}(℉-32)$ <br> $℃ = \dfrac{(℉-32)}{1.8}$ | $℉ = \dfrac{5}{9}℃+32$ <br> $℉ = (1.8 × ℃)+32$ |
| 냉동고 | -18 | 0 |
| 냉장고 | 4 | 40 |

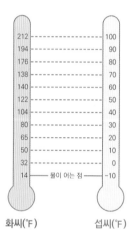

| 212 | 100 |
| 194 | 90 |
| 176 | 80 |
| 138 | 70 |
| 140 | 60 |
| 122 | 50 |
| 104 | 40 |
| 80 | 30 |
| 65 | 20 |
| 50 | 10 |
| 32 | 0 |
| 14 ←물이 어는 점→ | -10 |

화씨(℉)    섭씨(℉)

## 5) 시계

시간의 계측은 작업능률을 높이고, 에너지 절약에 중요하다.
조리시간을 측정할 때에는 스톱워치(stop watch)와 타이머(timer)를 사용한다.

## 6) 염도계

식품의 염도를 측정하는 데 사용한다. 일반 간장은 18%, 저염 간장은 12%의 염도를 나타내며, 김치를 절일 때의 염도는 계절과 절임시간에 따라 다르나 15% 정도이다.

### 7) 당도계

식품의 당도를 측정하는 데 사용한다.

## 2. 계량법

### 1) 가루상태의 식품

재료는 덩어리지지 않도록 계량도구에 수북이 채운 후 수평으로 깎아서 계량한다.

밀가루의 경우 체에 한번 내려서 계량해야 정확하다.

**밀가루 계량법**

### 2) 고체식품

무게로 측정하는 것이 정확하나, 부피로 측정 시에는 실온에서 계량기구에 눌러 담아 수평으로 깎아서 계량한다.

**고체지방 계량법**

### 3) 액체식품

기름, 간장, 물, 식초 등의 액체식품은 계량용기에 표면장력이 있으므로 약간 솟아오를 정도로 가득 채워서 계량한다.

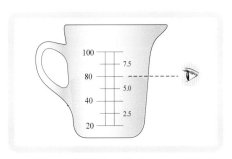

**액체의 눈금 읽기**

## 4) 알갱이 상태의 식품

쌀, 팥, 통후추, 깨 등의 알갱이는 계량용기에 가득 담아 흔들어서 표면이 평면이 되도록 깎아서 계량한다.

## 3. 계량단위

- 한국음식에서 사용하는 계량단위

- 1작은술(ts, tea spoon) = 5ml
- 1큰술(Ts, Table spoon) = 3작은술(ts) = 15ml
- 1컵(C, cup) = 200ml = $13\frac{1}{3}$ Ts
- 1가마 = 10말 = 80kg
- 1말 = 10되
- 1되 = 물 1.8kg =1.8L
- 1관 = 4kg
- 1근= 소, 돼지고기 600g / 채소·과일, 개고기 400g

- 서양에서 사용하는 계량단위

- 1컵 = 16Ts = 240ml
- 1온스(oz, ounce) = 28.35g = 2Ts
- 1파운드(lb, pound) = 16온스 = 450g

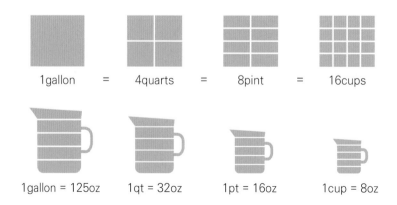

1gallon = 4quarts = 8pint = 16cups

1gallon = 125oz    1qt = 32oz    1pt = 16oz    1cup = 8oz

# 한식의 기본 조리법

##  1. 한식의 기본 조리법 관련 용어 ▼

✓ **조리법 관련 용어**

| 구분 | 설명(조리법) |
|------|-------------|
| **국**<br>(끓임) | • 토장국 : 쌀뜨물에 된장이나 고추장으로 간을 맞추어 여러 가지 건더기를 넣고 끓인 국이다.<br>• 냉국 : 끓여서 차게 식힌 물에 맑은 청장(국간장)으로 간을 맞추어 끓이지 않고 날로 먹을 수 있는 건더기를 넣어 차게 해서 먹는 국이다. |
| **찌개 · 전골**<br>(끓임) | • 찌개 : 일명 조치. 국보다 국물이 적은 국물 음식으로 건더기와 국물을 반반 정도로 끓인다. 간은 국보다 좀 센 편이며, 간을 맞추는 주재료에 따라 된장찌개, 고추장찌개 등으로 나뉜다.<br>• 전골 : 육류, 어패류, 채소류 등을 색 맞추어 담고 육수를 부어 즉석에서 끓이는 음식이다. |
| **김치**<br>(무침, 버무림) | • 채소, 해조류를 소금에 절이고 고추, 파, 마늘, 생강 등의 갖은 양념과 젓갈을 넣어 버무려 발효시킨 음식으로 주재료에 따라 배추, 무, 염채류, 근채류, 과채류, 해조류 등을 이용한 김치로 분류된다. |
| **나물**<br>(무침) | • 생채 : 채소를 날것으로 혹은 소금에 절여 양념에 무친 것으로 무치는 양념에 따라 고춧가루, 간장, 식초 등으로 무친 것, 초간장에 무친 것, 겨자즙에 무친 것 등으로 나뉜다.<br>• 숙채 : 채소를 데쳐서 양념에 무치거나 식용유에 볶으면서 양념한 것으로 나뉜다.<br>• 기타 : 생채와 숙채에 속하지 않는 음식으로 육류와 채소 등 여러 가지 재료를 섞어서 만드는 잡채, 탕평채 등의 음식이다. |
| **구이** | • 육류, 어패류나 더덕 등에 소금간 또는 갖은 양념을 하여 불에 구운 음식으로 너비아니, 생선구이, 더덕구이 등이 있다. |
| **조림 · 지짐이** | • 조림 : 육류, 어패류, 채소류에 간을 강하게 하여 재료에 간이 충분히 스며들도록 약한 불에서 오래 익히는 음식이다. 간은 주로 간장으로 하나 고등어, 꽁치같이 살이 붉고 비린내가 강한 생선은 간장에 된장, 고추장을 섞어서 조린다.<br>• 지짐이 : 찌개와 조림의 중간쯤에 놓일 수 있는 음식으로 찌개보다는 국물이 적고 조림보다는 국물이 많게 조리한 음식이다. 대체로 일반 어패류가 많이 쓰이며 때로 전을 부친 것에 국물을 조금 넣고 지지는 경우도 있다. |
| **볶음초** | • 볶음 : 육류, 어패류, 채소 및 해조류, 콩 등을 기름에 볶은 음식의 총칭이다. 대체로 200℃ 이상의 고온에서 재료를 볶아야 물기가 흐르지 않으며, 기름에만 볶는 것과 볶다가 간장, 설탕 등으로 조미하는 것 등이 있다.<br>• 초 : 볶음 음식의 하나로 전복초, 홍합초와 같이 간장, 설탕, 기름으로 국물이 없게 바싹 조린 음식이다. |
| **전 · 적**<br>(부침) | • 전 : 달걀 반죽이나 밀가루 반죽과 섞거나 입혀 기름을 둘러 지져내는데, 종류에 따라 고기(소고기), 해물, 채소와 같은 재료로 만든다. |

| 구분 | 설명(조리법) |
|---|---|
| 찜 · 선 | • 찜 : 재료를 큼직하게 썰어 갖은 양념을 한 후 물을 붓고 오랫동안 끓여 푹 익혀서 재료의 맛이 충분히 우러나고 약간의 국물이 어울리도록 한 음식이다. 김을 올려서 찌거나 중탕으로 익히기도 하며, 수증기와 관계없이 그냥 즙이 바특하게 남을 정도까지 삶아서 익히는 방법도 있다.<br>• 선 : 오이, 가지, 호박, 두부와 같은 재료에 소를 넣고 살짝 쪄서 초간장에 찍어 먹는 음식이다. |
| 쌈 | • 채소류와 해조류로 밥과 반찬을 함께 싸서 먹는 음식이다. 쌈은 재료를 생으로 쓰는 것(생쌈)과 데쳐서 쓰는 것(숙쌈)으로 나뉜다. |
| 절임<br>(장아찌) | • 주로 채소류를 소금물, 간장, 된장, 고추장 속에 넣고 삭혀 만든 음식으로 각종 육류, 어류도 살짝 익혀 된장, 고추장 속에 넣어 만들기도 한다. |

**출처** 농촌진흥청 국립농업과학원(2006), 한국의 전통향토음식 1(상용음식), 교문사.

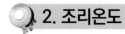 **2. 조리온도**

## 1) 기초 조리온도

| 조리 | 온도 |
|---|---|
| 삶기 | 70~100℃ |
| 찌기 | 85~100℃ |
| 튀기기 | 120~200℃ |
| 구이 | 100℃ 이상 |
| 비가열조리, 발효 | 실온 |
| 젤라틴 이용 음식 | 0~10℃ |
| 아이스크림 등 빙과 | 0℃ 이하 |

## 2) 식품과 식품성분이 변화하는 온도

| 온도 범위 | 작용 |
|---|---|
| 약 −20~0℃ | • 아이스크림, 셔벗 등 만드는 온도 |
| 0~20℃(실온) | • 젤라틴 젤리가 굳는 온도<br>• 올리브유나 땅콩기름이 하얗게 굳는 온도 |
| 20~50℃ | • 한천 젤리가 굳는 온도<br>• 육류와 조류의 지방 융점 온도<br>• 미생물이 잘 번식하여 음식물이 부패하기 쉬운 온도<br>• 발효온도 |

| 온도 범위 | 작용 |
|---|---|
| 50~100℃ | • 전분의 호화가 일어나는 온도<br>• 단백질의 열응고가 일어나는 온도<br>• 채소조직의 연화가 일어나는 온도<br>• 육류 등 육색소의 변화가 일어나는 온도 |
| 100~200℃ | • 구이, 튀김의 온도<br>• 아미노카보닐 반응이나 캐러멜화 반응 등으로 인한 향기와 갈변화가 일어나는 온도<br>• 캔디 제조 온도<br>• 잼 등 펙틴 젤리를 졸이는 온도<br>• 전분의 호정화가 일어나는 온도 |
| 200~300℃ | • 단시간에 표면처리를 하는 경우에 사용되는 온도<br>• 시간이 경과하면 표면이 흑색으로 타게 되고 내부까지 건조하여 부피가 줄어드는 온도 |

## 3. 조리법

### 1) 비가열조리

● 채소류 – 생채, 냉채, 샐러드

● 과일류

● 생선 및 조개류 – 회

● 육류 – 육회, 간회, 천엽회

– 생식조리의 단점

가열에 의한 살균처리를 거치지 않으므로 신선한 재료의 선택과 위생적 취급이 필수적이며, 지체 없이 빨리 섭취하는 것이 좋다.

✓ 비가열조리와 가열조리의 특징 비교

| 비가열조리 | 가열조리 |
|---|---|
| • 영양성분의 손실이 적음<br>• 식품 고유의 색, 맛, 향을 살림<br>• 조리방법이 간단하고, 시간이 절약됨<br>• 소화가 잘 됨 | • 식품에 안전성 부여<br>• 식품조직의 연화<br>• 불미성분이 제거됨<br>• 각종 조미료, 향신료 등의 첨가로 풍미 증가 |

## 2) 가열조리

### (1) 습열조리

습열조리는 끓이기, 데치기, 삶기, 시머링(simmering), 물에 담가 익히기(poaching), 찌기, 조리기 등의 방법이다.

- 끓이기 : 물속에서 가열하여 조리, 대류, 가열시간, 조미, 화력조절이 매우 중요하다. 끓을 때 생기는 거품을 제거한다. 깊은 그릇을 사용하는 것이 좋다.
- 데치기 : 다량의 끓는 물에 재료를 넣어 조리한다. 채소 데치기, 튀하기
- 삶기 : 끓는 물에 재료를 넣어 익을 때까지 익힌다.
- 고기 : 물의 끓는점 이하에서 은근하게 끓여주는 방법으로 곰국, 백숙 등을 곤다.
- 찌기 : 수증기의 기화열을 이용한다. 식품 고유의 맛, 향, 모양을 그대로 유지하며 가열시간이 비교적 길고 연료소비가 많으며 찌는 도중 간이 안 된다.

**습열조리**

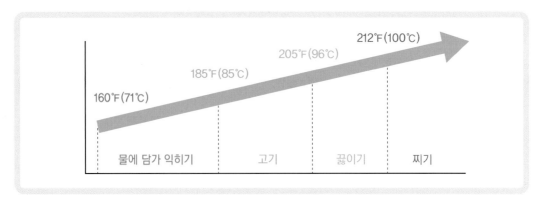

**습열조리법의 기본온도**

## (2) 건열조리

건열조리에는 직접구이, 간접구이, 오븐구이, 볶기, 지지기, 튀기기 등이 있다.

직접구이      간접구이      볶기

건열조리

– 굽기

- 직접구이 : 직화구이, 브로일링
- 간접구이 : 팬 이용
- 오븐구이 : 베이킹

– 지지기

온도가 낮은 팬에 약간의 기름을 두르고 재료를 익혀내는 것

– 튀기기

기름을 넉넉히 사용하여 튀긴다.

기름에 재료가 튀겨질 때 수분이 증발하면서 주위로부터 열을 뺏는다. 이 '기화열'은 기름의 온도를 순식간에 낮추는 주범이다. 이 때문에 너무 많은 재료를 넣으면 기름의 온도가 순식간에 낮아져 맛있는 튀김을 만드는 데 방해가 된다.

이를 막기 위해 5cm 이상의 깊은 냄비에 기름을 충분히 넣어 사용하고 재료는 한꺼번에 많이 튀기지 않는다. 재료가 냄비 표면의 ⅓ 이상을 넘지 않는 것이 이상적이다. 수분이 많은 해산물은 더 많은 수증기를 뿜기 때문에 더 적은 양을 튀긴다.

## ✔ 튀김기름류의 물리적 성질

| 종류 | 비중 | 융점 | 발연점 |
|---|---|---|---|
| 옥수수기름 | 0.922 | – | 227 |
| 낙화생유 | 0.911 | – | 162 |
| 면실유 | 0.917 | – | 233 |
| 올리브유 | 0.918 | 0~6 | 199 |
| 참기름 | 0.919 | 3~6 | – |
| 대두유 | 0.927 | – | – |
| 야자유 | 0.924 | 25.1 | 138 |
| 라드 | 0.936 | 28~48 | 190 |
| 양기름 | 0.945 | 44~54 | – |
| 버터 | 0.911 | 28~38 | 208 |
| 소기름 | 0.948 | 40~50 | – |

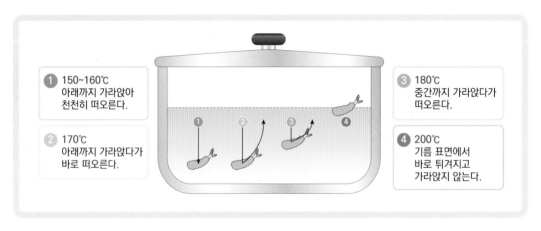

① 150~160℃
아래까지 가라앉아 천천히 떠오른다.

② 170℃
아래까지 가라앉다가 바로 떠오른다.

③ 180℃
중간까지 가라앉다가 떠오른다.

④ 200℃
기름 표면에서 바로 튀겨지고 가라앉지 않는다.

**기름의 온도와 떠오르는 속도의 관계**

### (3) 복합조리

브레이징(braising)은 고기나 채소를 볶은 후 소량의 물을 붓고 뚜껑을 덮어 조리는 방법으로 건열조리와 습열조리가 함께 되는 복합조리이다.

조리기

## (4) 초단파조리

외부로부터 열이 전달되는 것이 아니라 식품 자체에 있는 물분자가 급속히 진동하여 열이 발생되는 원리를 이용한 조리법으로 유전가열조리라고도 한다.

✓ **기본조리방법(basic cooking skill)의 분류**

| 조리법 | | | 예 |
|---|---|---|---|
| **생식조리법** | 열을 사용하지 않고, 생으로 먹는 것을 말함 | | 샐러드, 생선회, 육회 |
| **가열조리법** | 습열조리법(moist-heat cooking) | | 시머링(simmering), 끓이기(boiling), 포칭(poaching), 찌기(steaming), 데치기(banching) |
| | 건열조리법 (dry-heat cooking) | 기름을 사용하지 않는 건열조리법 | 로스팅(roasting), 그릴링(grilling), 브로일링(broilling), 팬브로일링(panbroilling), 베이킹(baking) |
| | | 기름을 사용한 건열조리법 | 소테잉(sauteing), 스터 프라잉(stir-frying), 팬 프라잉(pan-frying), 딥 프라잉(deep-frying) |
| | 복합조리법(combination cooking) | | 브레이징(braising), 스튜잉(stewing) |
| | 전자레인지(microwave) | | |
| | 훈연법(smoking) | | |
| | 기타 : 그라탱(gratin), 글레이즈(glaze), 파피요트(papillote), 파쿡(parcook), 프왈레(poèlé) | | |

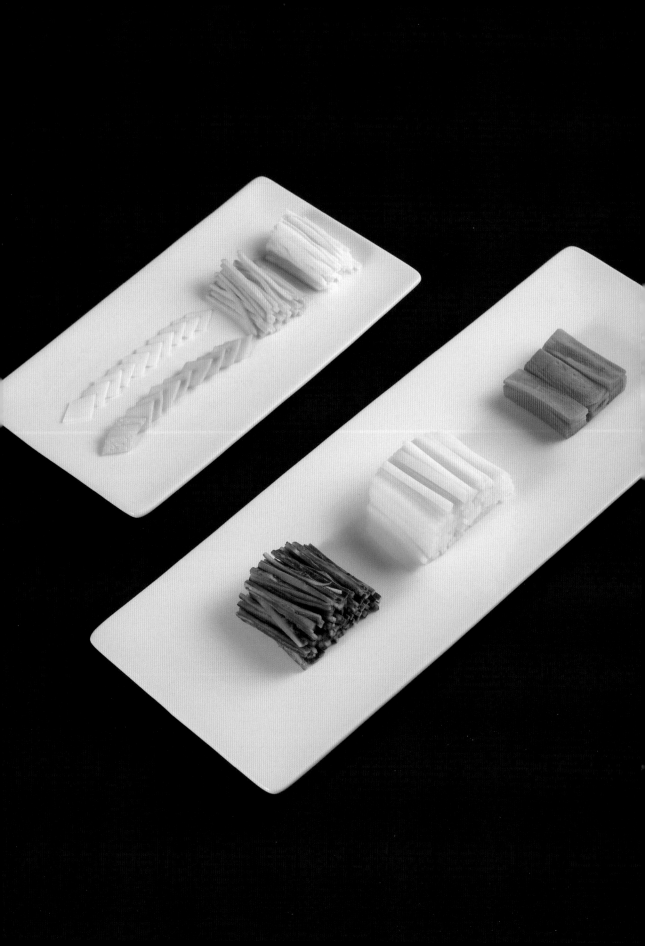

# 재료썰기

## 재료

- 무 100g
- 오이(길이 25cm 정도) 1/2개
- 당근(길이 6cm 정도) 1토막
- 달걀 3개
- 식용유 20ml
- 소금 10g

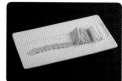

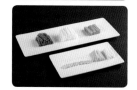

• 재료 확인하기

❶ 재료의 품질을 확인하기

• 도구 준비하기

❷ 계량스푼, 조리용 칼, 도마, 젓가락, 자루, 체, 믹싱볼, 프라이팬 등을 준비한다.

• 재료 전처리하기

❸ 각각의 재료 분량을 컵과 계량스푼, 저울로 계량하기

❹ 오이는 소금으로 문질러 씻는다.

❺ 달걀은 흰자와 노른자를 믹싱볼에 분리하여 알끈을 제거하고 소금을 넣어 젓가락으로 잘 저은 다음 체에 내려 거품을 제거한다.

• 조리하기

❻ 무는 0.2cm×0.2cm×5cm 크기로 채를 곱게 썬다.

❼ 오이는 길이로 5cm가 되도록 썰어 0.2cm 두께로 돌려깎기를 한 후 0.2cm 두께로 채를 썬다.

❽ 당근은 0.2cm×1.5cm×5cm 크기로 골패썰기를 한다.

❾ 달걀은 달구어진 팬에 식용유를 바르고 황백지단을 부친다. 황백지단은 한 면의 길이가 1.5cm가 되도록 마름모 썰기로 10개씩 썬다. 마름모 썰기를 하고 남은 전량의 황백지단은 0.2cm×0.2cm×5cm 크기로 채를 곱게 썬다.

• 담아 완성하기

❿ 재료 썰기의 모든 완성품을 담을 수 있도록 그릇을 선택한다.

⓫ 그릇에 무, 오이 채썰기 한 것, 당근 골패썰기 한 것, 달걀 황백지단 마름모 썰기 한 것, 황백지단 채 썬 것을 보기 좋게 전량 담는다.

※ **주어진 재료를 사용하여 다음과 같이 재료 썰기를 하시오.**

가. 무, 오이, 당근, 달걀지단을 썰기하여 전량 제출하시오

　　(단, 재료별 써는 방법이 틀렸을 경우 실격)

나. 무는 채썰기, 오이는 돌려깎기하여 채썰기, 당근은 골패썰기를 하시오

다. 달걀은 흰자와 노른자를 분리하여 알끈과 거품을 제거하고 지단을 부쳐

　　완자(마름모꼴) 모양으로 각 10개를 썰고, 나머지는 채썰기를 하시오.

라. 재료 썰기의 크기는 다음과 같이 하시오.

　　1) 채썰기 − 0.2×0.2×5cm

　　2) 골패썰기 − 0.2×1.5×5cm

　　3) 마름모형 썰기 − 한 면의 길이가 1.5cm

가. 만드는 순서에 유의하며, 위생과 숙련된 기능평가를 위하여 조리작업 중 맛을 보지 않는다.

나. 지정된 수험자 지참 준비물 이외의 조리 기구나 재료를 시험장 내에 지참할 수 없다.

다. 지급재료는 시험 전 확인하여 이상이 있을 경우 시험위원으로부터 조치를 받고 시험 중에는 재료의

　　교환 및 추가지급은 하지 않는다.

라. 요구사항의 규격은 "정도"의 의미를 포함하며, 지급된 재료의 크기에 따라 가감하여 채점한다.

마. 위생상태 및 안전관리사항을 준수한다.

## 학습평가

| 학습내용 | 평가항목 | 성취수준 | | |
|---|---|---|---|---|
| | | 상 | 중 | 하 |
| 재료 썰기<br>재료 준비 및<br>전처리하기 | 재료 썰기의 재료들을 계량할 수 있다. | ☐ | ☐ | ☐ |
| | 재료들을 씻을 수 있다. | ☐ | ☐ | ☐ |
| | 달걀을 분리하여 체에 내릴 수 있다. | ☐ | ☐ | ☐ |
| 재료 썰기<br>조리하기 | 무를 썰 수 있다. | ☐ | ☐ | ☐ |
| | 오이를 썰 수 있다. | ☐ | ☐ | ☐ |
| | 당근을 썰 수 있다. | ☐ | ☐ | ☐ |
| | 황백지단을 부칠 수 있고 썰 수 있다. | ☐ | ☐ | ☐ |
| 재료 썰기<br>담아 완성하기 | 재료 썰기의 그릇을 선택할 수 있다. | ☐ | ☐ | ☐ |
| | 재료 썰기를 담아낼 수 있다. | ☐ | ☐ | ☐ |

## 학습자 완성품 사진

# 콩나물밥

조리기능사 실기 품목

시험시간 30분

## 재료

- 쌀(30분 정도 물에 불린 쌀) 150g
- 콩나물 60g
- 소고기(살코기) 30g
- 대파(흰 부분, 4cm 정도) 1/2토막
- 마늘(중, 깐 것) 1쪽

**양념장**
- 진간장 5ml
- 참기름 5ml

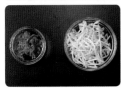

• 재료 확인하기
❶ 쌀의 품질 확인하기
❷ 쌀에 섞여 있는 이물질 확인하여 선별하기
❸ 콩나물, 대파, 마늘 등의 품질 확인하기

• 사용할 도구 선택하기
❹ 돌솥, 압력솥, 냄비 등을 선택하여 준비한다.

• 재료 계량하기
❺ 각각의 재료 분량을 컵과 계량스푼, 저울로 계량하기
❻ 물을 계량한다.

• 밥의 재료 세척하기
❼ 쌀은 맑은 물이 나올 때까지 세척한다.

• 밥 재료 불리기
❽ 세척한 쌀은 실온에서 20~30분간 불린다.

• 재료 준비하기
❾ 마늘과 대파는 씻어서 물기를 제거하고, 곱게 다진다.
❿ 소고기는 5cm×0.2cm×0.2cm 길이로 채를 썬다.
⓫ 콩나물은 꼬리를 다듬고 씻는다.

• 조리하기
⓬ 썰어 놓은 소고기는 다진 대파, 다진 마늘, 간장, 참기름으로 양념을 한다.
⓭ 냄비에 불린 쌀, 고기, 콩나물, 밥물을 넣어 밥을 짓는다. 센 불로 끓여 중불로 줄인다. 중간에 뚜껑을 열면 콩나물 비린내가 나므로 열지 않아야 하며, 한 번 끓어오르면 불을 줄여 약한 불로 뜸을 들인다.

• 밥 담아 완성하기
⓮ 콩나물밥 담을 그릇을 선택한다.
⓯ 밥을 따뜻하게 담아낸다.

**※ 주어진 재료를 사용하여 다음과 같이 콩나물밥을 만드시오.**

가. 콩나물은 꼬리를 다듬고 소고기는 채 썰어 간장양념을 하시오.

나. 밥을 지어 전량 제출하시오.

**수험자 유의사항**

가. 콩나물 손질 시 폐기량이 많지 않도록 한다.

나. 소고기는 굵기와 크기에 유의한다.

다. 밥물 및 불조절과 완성된 밥의 상태에 유의한다.

## 학습평가

| 학습내용 | 평가항목 | 성취수준 | | |
|---|---|---|---|---|
| | | 상 | 중 | 하 |
| 콩나물밥 재료 준비 및 전처리하기 | 콩나물밥의 재료들을 계량할 수 있다. | ☐ | ☐ | ☐ |
| | 재료를 각각 씻고, 불리기를 할 수 있다. | ☐ | ☐ | ☐ |
| | 돌솥, 압력솥, 냄비 등 사용할 도구를 선택하고 준비할 수 있다. | ☐ | ☐ | ☐ |
| | 부재료는 전처리 방법에 맞게 할 수 있다. | ☐ | ☐ | ☐ |
| 콩나물밥 조리하기 | 콩나물밥의 조리시간과 방법을 조절할 수 있다. | ☐ | ☐ | ☐ |
| | 콩나물밥 물의 양을 가감할 수 있다. | ☐ | ☐ | ☐ |
| | 조리도구와 조리법에 맞도록 화력 조절, 가열시간 조절, 뜸들이기를 할 수 있다. | ☐ | ☐ | ☐ |
| 콩나물밥 담아 완성하기 | 콩나물밥의 그릇을 선택할 수 있다. | ☐ | ☐ | ☐ |
| | 밥을 따뜻하게 담아낼 수 있다. | ☐ | ☐ | ☐ |

## 학습자 완성품 사진

# 비빔밥

조리기능사 실기 품목 **시험시간 50분**

기초 조리 실무

밥 죽

국 탕

찌개 전골

생채 숙채 회

구이

조림 초 볶음

전 적 튀김

## 재료

- 쌀(30분 정도 물에 불린 것) 150g
- 애호박(중, 길이 6cm) 60g
- 도라지(찢은 것) 20g
- 고사리(불린 것) 30g
- 청포묵(중, 길이 6cm) 40g
- 달걀 1개
- 건다시마(5×5cm) 1장
- 소고기(살코기) 30g
- 고추장 40g • 흰설탕 15g
- 대파(흰 부분, 4cm 정도) 1토막
- 마늘(중, 깐 것) 2쪽
- 깨소금 5g • 검은 후춧가루 1g
- 진간장 15ml • 참기름 5ml
- 식용유 30ml • 소금(정제염) 10g

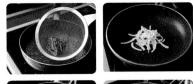

• 재료 확인하기
❶ 쌀의 품질 확인하기
❷ 쌀에 섞여 있는 이물질 확인하여 선별하기
❸ 소고기, 애호박, 고사리, 도라지, 청포묵, 대파, 마늘 등의 품질 확인하기

• 사용할 도구 선택하기
❹ 돌솥, 압력솥, 냄비, 프라이팬, 나무젓가락 등을 선택하여 준비한다.

• 재료 계량하기
❺ 각각의 재료 분량을 컵과 계량스푼, 저울로 계량하기
❻ 물을 계량한다.

• 밥의 재료 세척하기
❼ 쌀은 맑은 물이 나올 때까지 세척한다.

• 밥 재료 불리기
❽ 세척한 쌀은 실온에서 20~30분간 불린다.

• 재료 준비하기
❾ 마늘과 대파는 씻어서 물기를 제거하고, 곱게 다진다.
❿ 소고기 20g은 5cm×0.3cm×0.3cm로 채를 썰고, 10g은 곱게 다진다.
⓫ 호박은 돌려깎기하여 5cm×0.3cm×0.3cm로 채를 썬다.
⓬ 도라지는 5cm×0.3cm×0.3cm 길이로 썰어 소금으로 자박자박 주물러 씻는다.
⓭ 고사리는 5cm 길이로 썬다.
⓮ 청포묵은 5cm×0.5cm×0.5cm 길이로 썬다.
⓯ 달걀은 황백으로 나누어 소금으로 간을 하여 체에 내린다.

• 조리하기
⓰ 흰밥을 짓는다.
⓱ 애호박은 소금에 살짝 절인다. 절여지면 달구어진 팬에 식용유를 두르고 다진 대파, 다진 마늘을 넣어 볶는다.
⓲ 도라지는 달구어진 팬에 식용유를 두르고 다진 대파, 다진 마늘을 넣어 볶는다.
⓳ 고사리는 끓는 물에 데쳐, 달구어진 팬에 식용유를 두르고, 간장, 다진 대파, 다진 마늘을 넣어 볶는다.
⓴ 소고기는 간장, 다진 대파, 다진 마늘, 흰 설탕, 후춧가루, 깨소금, 참기름을 넣어 양념하고, 달구어진 팬에 식용유를 두르고 볶는다.
㉑ 달걀은 황백으로 지단을 부치고, 5cm×0.3cm×0.3cm로 채를 썬다.
㉒ 청포묵은 끓는 물에 데쳐서, 찬물에 헹군 다음 간장, 소금, 깨소금, 참기름을 넣어 버무린다.
㉓ 다시마는 기름에 튀겨 먹기 좋게 부순다.
㉔ 다진 고기에 설탕, 후춧가루, 다진 대파, 다진 마늘, 깨소금, 참기름을 넣어 양념을 하고 팬에 볶는다. 고기가 익으면 물 2큰술을 넣어 끓이고, 고추장을 넣어 볶는다.

• 밥 담아 완성하기
㉕ 비빔밥 담을 그릇을 선택한다.
㉖ 그릇 중앙에 흰밥을 담고, 그 위에 준비된 재료를 보기 좋게 얹은 다음 볶은 고추장과 튀긴 다시마는 맨 위에 담는다.

※ **주어진 재료를 사용하여 다음과 같이 비빔밥을 만드시오.**

가. 채소, 소고기, 황·백지단의 크기는 0.3×0.3×5cm로 써시오.

나. 호박은 돌려깎기하여 0.3×0.3×5cm로 써시오.

다. 청포묵의 크기는 0.5×0.5×5cm로 써시오.

라. 소고기는 고추장 볶음과 고명에 사용하시오.

마. 밥을 담은 위에 준비된 재료들을 색 맞추어 돌려 담으시오.

바. 볶은 고추장은 완성된 밥 위에 얹어 내시오.

**수험자 유의사항**

가. 밥을 질지 않게 짓는다.

나. 모든 재료의 크기는 요구사항대로 한다.

다. 지급된 소고기의 고추장 볶음과 고명으로 나누어 사용한다.

라. 준비한 나물들을 돌려 담을 때 색의 조화에 유의한다.

## 학습평가

| 학습내용 | 평가항목 | 성취수준 | | |
|---|---|---|---|---|
| | | 상 | 중 | 하 |
| 비빔밥<br>재료 준비 및<br>전처리하기 | 비빔밥의 재료를 계량할 수 있다. | ☐ | ☐ | ☐ |
| | 재료를 각각 씻고, 불리기를 할 수 있다. | ☐ | ☐ | ☐ |
| | 부재료는 조리방법에 맞게 손질할 수 있다. | ☐ | ☐ | ☐ |
| | 돌솥, 압력솥, 냄비 등 사용할 도구를 선택하고 준비할 수 있다. | ☐ | ☐ | ☐ |
| 비빔밥<br>조리하기 | 비빔밥의 조리시간과 방법을 조절할 수 있다. | ☐ | ☐ | ☐ |
| | 흰밥의 물에 양을 가감할 수 있다. | ☐ | ☐ | ☐ |
| | 부재료를 조리방법에 맞게 조리할 수 있다. | ☐ | ☐ | ☐ |
| | 조리도구와 조리법에 맞도록 화력 조절, 가열시간 조절, 뜸들이기를 할 수 있다. | ☐ | ☐ | ☐ |
| 비빔밥<br>담아 완성하기 | 비빔밥의 그릇을 선택할 수 있다. | ☐ | ☐ | ☐ |
| | 비빔밥을 따뜻하게 담아낼 수 있다. | ☐ | ☐ | ☐ |
| | 부재료를 얹거나 고명을 올려낼 수 있다. | ☐ | ☐ | ☐ |

## 학습자 완성품 사진

# 장국죽

조리기능사 실기 품목 | 시험시간 30분

기초 조리 실무

밥 죽

국 탕

찌개 전골

생채 숙채 회

구이

조림 초 볶음

전 적 튀김

## 재료

- 쌀(30분 정도 물에 불린 쌀) 100g
- 소고기(살코기) 20g
- 건표고버섯 1개
  (지름 5cm 정도, 물에 불린 것, 부서지지 않은 것)
- 대파(흰 부분, 4cm 정도) 1토막
- 마늘(중, 깐 것) 1쪽
- 깨소금 5g
- 검은 후춧가루 1g
- 진간장 10ml
- 참기름 10ml  · 국간장 10ml

• 재료 확인하기
❶ 쌀의 품질 확인하기
❷ 쌀에 섞여 있는 이물질 확인하여 선별하기
❸ 소고기, 마른 표고버섯, 대파, 마늘 등의 품질 확인하기

• 사용할 도구 선택하기
❹ 냄비, 나무주걱 등을 선택하여 준비한다.

• 재료 계량하기
❺ 각각의 재료 분량을 컵과 계량스푼, 저울로 계량하기

• 죽의 재료 세척하기
❻ 쌀은 맑은 물이 나올 때까지 세척한다.

• 죽 재료 불리기
❼ 세척한 쌀은 실온에서 2시간 불린다.
❽ 마른 표고버섯을 미지근한 물에 불린다.

• 재료 준비하기
❾ 대파, 마늘은 곱게 다진다.
❿ 불린 쌀은 반 정도로 싸라기를 만든다.
⓫ 소고기는 곱게 다진다.
⓬ 표고버섯은 3cm×0.3cm×0.3cm로 채를 썬다.

• 조리하기
⓭ 곱게 다진 소고기, 채 썬 표고버섯은 간장, 대파, 마늘, 깨소금, 후춧가루, 참기름으로 양념을 한다.
⓮ 팬에 참기름을 두르고 소고기, 표고버섯을 볶고, 불린 쌀을 넣어 볶는다. 쌀알이 투명하게 볶아지면 물을 넣어 끓인다.
⓯ 국간장으로 간을 한다.

• 죽 담아 완성하기
⓰ 장국죽의 그릇을 선택한다.
⓱ 그릇에 보기 좋게 장국죽을 담는다.

**※ 주어진 재료를 사용하여 다음과 같이 장국죽을 만드시오.**

가. 불린 쌀을 반정도 싸라기를 만들어 죽을 쑤시오.

나. 소고기는 다지고, 불린 표고는 3cm 정도의 길이로 채 써시오.

수험자 유의사항

가. 다진 소고기와 표고버섯을 볶은 다음 쌀을 넣어 다시 볶다가 물을 붓는다.

나. 쌀과 국물이 잘 어우러지도록 쑨다.

다. 간을 맞추는 시기에 유의한다.

## 학습평가

| 학습내용 | 평가항목 | 성취수준 | | |
|---|---|---|---|---|
| | | 상 | 중 | 하 |
| 장국죽<br>재료 준비 및<br>전처리하기 | 장국죽의 재료를 계량할 수 있다. | ☐ | ☐ | ☐ |
| | 재료를 각각 씻고, 불리기를 할 수 있다. | ☐ | ☐ | ☐ |
| | 부재료는 조리방법에 맞게 손질할 수 있다. | ☐ | ☐ | ☐ |
| | 조리방법에 따라 쌀 등 재료를 갈거나 분쇄할 수 있다. | ☐ | ☐ | ☐ |
| | 돌솥, 압력솥, 냄비 등 사용할 도구를 선택하고 준비할 수 있다. | ☐ | ☐ | ☐ |
| 장국죽<br>조리하기 | 장국죽의 조리시간과 방법을 조절할 수 있다. | ☐ | ☐ | ☐ |
| | 조리도구, 조리법과 쌀, 잡곡의 재료의 특성에 따라 물의 양을 조절할 수 있다. | ☐ | ☐ | ☐ |
| | 조리도구와 조리법에 맞도록 화력 조절, 가열시간을 조절할 수 있다. | ☐ | ☐ | ☐ |
| 장국죽<br>담아 완성하기 | 장국죽의 그릇을 선택할 수 있다. | ☐ | ☐ | ☐ |
| | 장국죽을 따뜻하게 담아낼 수 있다. | ☐ | ☐ | ☐ |
| | 부재료를 얹거나 고명을 올려낼 수 있다. | ☐ | ☐ | ☐ |

## 학습자 완성품 사진

# 완자탕

시험시간
**30분**

## 재료

- 소고기(사태부위) 20g
- 소고기(살코기) 50g
- 두부 15g
- 달걀 1개
- 대파(흰 부분, 4cm 정도) 1/2토막
- 밀가루(중력분) 10g
- 마늘(중, 깐 것) 2쪽
- 흰설탕 5g
- 깨소금 5g
- 소금(정제염) 10g
- 검은 후춧가루 2g
- 국간장 5ml
- 참기름 5ml · 식용유 20ml
- 키친타월(종이, 주방용, 소 18×20cm) 1장

• 재료 확인하기

❶ 소고기 우둔, 소고기 사태, 깐 마늘, 밀가루, 달걀 등 확인하기

• 사용할 도구 선택하기

❷ 냄비, 나무젓가락 등을 선택하여 준비한다.

• 재료 계량하기

❸ 각각의 재료 분량을 컵과 계량스푼, 저울로 계량하기

• 재료 준비하기

❹ 소고기 사태는 찬물에 담가 핏물을 뺀다.

❺ 두부는 으깨어 물기를 짠다.

• 조리하기

❻ 소고기 사태에 물과 대파, 마늘을 넣어 삶고 국물은 면포에 걸러 간장과 소금으로 간을 한다.

❼ 다진 소고기와 두부를 합하여 완자양념을 하고 끈기있게 치대어 3cm 크기로 완자를 6개 빚는다.

❽ 완자는 밀가루와 달걀물을 입혀 팬에 기름을 두르고 지진다.

❾ 달걀은 황 · 백지단을 부쳐 마름모로 썬다.

❿ 소고기 육수에 완자를 넣어 끓인다.

• 담아 완성하기

⓫ 완자탕 그릇을 선택한다.

⓬ 완자탕은 따뜻하게 담아낸다. 황 · 백지단을 고명으로 얹는다.

※ **주어진 재료를 사용하여 다음과 같이 완자탕을 만드시오.**

가. 완자는 직경 3cm 정도로 6개를 만들고, 국 국물의 양은 200ml 이상
   제출하시오.

나. 달걀은 지단과 완자용으로 사용하시오.

다. 고명으로 황 · 백지단(마름모꼴)을 각 2개씩 띄우시오.

가. 시험시간을 고려하여 육수 내는 시간을 조절하고, 육수 국물은 맑게 처리하고 양에 유의한다.

나. 주어진 고기 부위의 사용 용도에 유의한다.

다. 주어진 달걀은 지단용과 완자용으로 분리하여 사용하는데 유의한다.

라. 완자의 속까지 잘 익도록 하고, 지져진 상태와 모양 · 색에 유의한다.

마. 황백지단 고명의 상태 · 모양과 색에 유의한다.

| 학습내용 | 평가항목 | 성취수준 | | |
|---|---|:---:|:---:|:---:|
| | | 상 | 중 | 하 |
| 탕 재료<br>준비하기 | 조리에 사용하는 재료를 필요량에 맞게 계량할 수 있다. | ☐ | ☐ | ☐ |
| | 육수의 종류에 맞추어 도구와 재료를 준비할 수 있다. | ☐ | ☐ | ☐ |
| | 재료에 따라 요구되는 전처리를 수행할 수 있다. | ☐ | ☐ | ☐ |
| 탕 육수<br>만들기 | 찬물에 육수재료를 넣고 서서히 끓일 수 있다. | ☐ | ☐ | ☐ |
| | 조리의 종류에 따라 끓이는 시간과 불의 강도를 조절할 수 있다. | ☐ | ☐ | ☐ |
| | 끓이는 중 부유물을 제거하여 맑은 육수를 만들 수 있다. | ☐ | ☐ | ☐ |
| | 완성된 육수를 보고 품질을 판단할 수 있다. | ☐ | ☐ | ☐ |
| | 육수의 종류에 따라 냉, 온으로 보관할 수 있다. | ☐ | ☐ | ☐ |
| 탕 조리하기 | 재료의 종류에 맞게 국물조리를 만들 수 있다. | ☐ | ☐ | ☐ |
| | 탕은 주재료와 부재료의 배합에 맞게 조리할 수 있다. | ☐ | ☐ | ☐ |
| | 탕은 다양한 재료를 활용하여 조리할 수 있다. | ☐ | ☐ | ☐ |
| | 조리의 종류에 따라 끓이는 시간을 달리할 수 있다. | ☐ | ☐ | ☐ |
| 탕 담아<br>완성하기 | 조리법에 따라 탕 그릇을 선택할 수 있다. | ☐ | ☐ | ☐ |
| | 탕은 뜨거운 온도로 담아 제공할 수 있다. | ☐ | ☐ | ☐ |
| | 탕은 국물과 건더기의 비율에 맞게 담아낼 수 있다. | ☐ | ☐ | ☐ |
| | 탕의 종류에 따라 고명을 활용할 수 있다. | ☐ | ☐ | ☐ |

**학습자 완성품 사진**

# 두부젓국찌개

## 재료

- 두부 100g
- 생굴(껍질 벗긴 것) 30g
- 실파(1뿌리) 20g
- 홍고추(생) 1/2개
- 새우젓 10g
- 소금(정제염) 5g
- 마늘(중, 깐 것) 1쪽
- 참기름 5ml

• 재료 확인하기
❶ 생굴, 소금, 두부, 붉은 고추, 실파, 새우젓 등 확인하기

• 사용할 도구 선택하기
❷ 냄비, 프라이팬, 나무젓가락 등을 선택하여 준비한다.

• 재료 계량하기
❸ 각각의 재료 분량을 컵과 계량스푼, 저울로 계량하기

• 재료 준비하기
❹ 굴은 소금물에 흔들어 씻는다.
❺ 두부는 2cm×3cm×1cm 크기로 썬다.
❻ 붉은 고추는 3cm×0.5cm 크기로 채를 썬다.
❼ 실파는 3cm 길이로 썬다.

• 조리하기
❽ 냄비에 물과 새우젓국을 넣고 끓인다.
❾ 육수에 두부와 붉은 고추를 넣고 끓인다.
❿ 굴, 실파를 넣어 끓이고, 거품은 걷어낸다.
⓫ 냄비에 불을 끄고, 참기름을 넣는다.

• 담아 완성하기
⓬ 두부젓국찌개 담을 그릇을 선택한다.
⓭ 두부젓국찌개를 따뜻하게 담아낸다.

※ **주어진 재료를 사용하여 다음과 같이 두부젓국찌개를 만드시오.**

가. 두부는 2×3×1cm로 써시오.

나. 홍고추는 0.5×3cm, 실파는 3cm 길이로 써시오.

다. 간은 소금과 새우젓으로 하고, 국물을 맑게 만드시오.

라. 찌개의 국물은 200ml 이상 제출하시오.

**수험자 유의사항**

가. 두부와 굴의 익는 정도에 유의한다.

나. 찌개의 간은 소금과 새우젓으로 한다.

다. 국물이 맑고 깨끗하도록 한다.

## 학습평가

| 학습내용 | 평가항목 | 성취수준 | | |
|---|---|---|---|---|
| | | 상 | 중 | 하 |
| 찌개 재료 준비하기 | 조리에 사용하는 재료를 필요량에 맞게 계량할 수 있다. | ☐ | ☐ | ☐ |
| | 육수의 종류에 맞추어 도구와 재료를 준비할 수 있다. | ☐ | ☐ | ☐ |
| | 재료에 따라 요구되는 전처리를 수행할 수 있다. | ☐ | ☐ | ☐ |
| 찌개 육수 만들기 | 찬물에 육수 재료를 넣고 서서히 끓일 수 있다. | ☐ | ☐ | ☐ |
| | 끓이는 중 부유물과 기름이 떠오르면 걷어내어 제거할 수 있다. | ☐ | ☐ | ☐ |
| | 조리종류에 따라 끓이는 시간과 불의 강도를 조절할 수 있다. | ☐ | ☐ | ☐ |
| | 사용시점에 맞춰 냉, 온으로 보관할 수 있다. | ☐ | ☐ | ☐ |
| 찌개 양념장 만들기 | 양념장 재료를 비율대로 혼합, 조절할 수 있다. | ☐ | ☐ | ☐ |
| | 필요에 따라 양념장을 숙성할 수 있다. | ☐ | ☐ | ☐ |
| | 만든 양념장을 용도에 맞게 활용할 수 있다. | ☐ | ☐ | ☐ |
| 찌개 조리하기 | 채소류 중 단단한 재료는 데치거나 삶아서 사용할 수 있다. | ☐ | ☐ | ☐ |
| | 조리법에 따라 재료는 양념하여 밑간할 수 있다. | ☐ | ☐ | ☐ |
| | 찌개는 육수에 재료와 양념을 첨가 시점을 조절하여 넣고 끓일 수 있다. | ☐ | ☐ | ☐ |
| | 찌개에 따라 재료와 양념장, 육수를 그대로 그릇에 담아낼 수 있다. | ☐ | ☐ | ☐ |

## 학습자 완성품 사진

# 생선찌개

## 재료

- 동태(300g 정도) 1마리
- 무 60g
- 애호박 30g
- 두부 60g
- 풋고추(길이 5cm 이상) 1개
- 홍고추(생) 1개
- 실파(2뿌리) 40g
- 쑥갓 10g
- 고추장 30g
- 고춧가루 10g
- 마늘(중, 깐 것) 2쪽
- 생강 10g
- 소금(정제염) 10g

• 재료 확인하기

❶ 동태, 무, 애호박, 두부, 풋고추, 붉은 고추, 쑥갓, 깐 마늘, 생강, 실파 등 확인하기

• 사용할 도구 선택하기

❷ 냄비, 나무젓가락 등을 선택하여 준비한다.

• 재료 계량하기

❸ 각각의 재료 분량을 컵과 계량스푼, 저울로 계량하기

• 재료 준비하기

❹ 마늘은 곱게 다진다.

❺ 생강은 껍질을 제거하여 즙을 만든다.

❻ 동태는 지느러미를 자르고, 비늘을 긁어낸다. 내장을 손질하고 깨끗이 씻어 길이 4cm~5cm로 자른다.

❼ 무와 두부는 2.5cm×3.5cm×0.8cm 정도로 썬다.

❽ 애호박은 0.5cm 반달형 또는 은행잎모양으로 썬다.

❾ 쑥갓, 실파는 손질하여 씻어 4cm 정도로 썬다.

❿ 풋고추, 붉은 고추, 대파는 어슷썰기한다.

• 조리하기

⓫ 고추장, 고춧가루, 다진 마늘, 생강즙, 소금을 섞어 양념을 만든다.

⓬ 냄비에 물을 붓고 양념을 풀어 센 불에 끓인 뒤 무를 넣고 중불로 끓인다. 동태를 넣어 끓인다. 두부, 애호박, 풋·붉은 고추, 대파를 넣어 끓인다. 쑥갓을 넣고 불을 끈다.

• 담아 완성하기

⓭ 생선찌개 담을 그릇을 선택한다.

⓮ 생선찌개를 따뜻하게 담아낸다.

※ **주어진 재료를 사용하여 다음과 같이 생선찌개를 만드시오.**

가. 생선은 4~5cm 정도의 토막으로 자르시오.

나. 무, 두부는 2.5×3.5×0.8cm로 써시오.

다. 호박은 0.5cm 반달형, 고추는 통 어슷썰기, 쑥갓과 파는 4cm로 써시오.

라. 고추장, 고춧가루를 사용하여 만드시오.

마. 각 재료는 익는 순서에 따라 조리하고, 생선살이 부서지지 않도록 하 시오.

바. 생선머리를 포함하여 전량 제출하시오.

가. 생선살이 부서지지 않도록 유의한다.

나. 각 재료의 익히는 순서를 고려하여 끓인다.

## 학습평가

| 학습내용 | 평가항목 | 성취수준 | | |
|---|---|---|---|---|
| | | 상 | 중 | 하 |
| 찌개 재료 준비하기 | 조리에 사용하는 재료를 필요량에 맞게 계량할 수 있다. | ☐ | ☐ | ☐ |
| | 육수의 종류에 맞추어 도구와 재료를 준비할 수 있다. | ☐ | ☐ | ☐ |
| | 재료에 따라 요구되는 전처리를 수행할 수 있다. | ☐ | ☐ | ☐ |
| 찌개 육수 만들기 | 찬물에 육수 재료를 넣고 서서히 끓일 수 있다. | ☐ | ☐ | ☐ |
| | 끓이는 중 부유물과 기름이 떠오르면 걷어내어 제거할 수 있다. | ☐ | ☐ | ☐ |
| | 조리종류에 따라 끓이는 시간과 불의 강도를 조절할 수 있다. | ☐ | ☐ | ☐ |
| | 사용시점에 맞춰 냉, 온으로 보관할 수 있다. | ☐ | ☐ | ☐ |
| 찌개 양념장 만들기 | 양념장 재료를 비율대로 혼합, 조절할 수 있다. | ☐ | ☐ | ☐ |
| | 필요에 따라 양념장을 숙성할 수 있다. | ☐ | ☐ | ☐ |
| | 만든 양념장을 용도에 맞게 활용할 수 있다. | ☐ | ☐ | ☐ |
| 찌개 조리하기 | 채소류 중 단단한 재료는 데치거나 삶아서 사용할 수 있다. | ☐ | ☐ | ☐ |
| | 조리법에 따라 재료는 양념하여 밑간할 수 있다. | ☐ | ☐ | ☐ |
| | 찌개는 육수에 재료와 양념을 첨가 시점을 조절하여 넣고 끓일 수 있다. | ☐ | ☐ | ☐ |
| | 찌개에 따라 재료와 양념장, 육수를 그대로 그릇에 담아낼 수 있다. | ☐ | ☐ | ☐ |

## 학습자 완성품 사진

# 무생채

## 재료

- 무(길이 7cm 정도) 100g
- 고춧가루 10g
- 흰설탕 10g
- 대파(흰 부분, 4cm 정도) 1토막
- 마늘(중, 깐 것) 1쪽
- 생강 5g
- 깨소금 5g
- 소금(정제염) 5g
- 식초 5ml

### 양념장

- 소금 1작은술
- 설탕 2작은술
- 다진 대파 1/2작은술
- 다진 마늘 1/4작은술
- 생강 즙 1/4작은술
- 깨소금 1작은술
- 식초 1작은술

• 재료 확인하기
❶ 무, 고춧가루, 설탕, 다진 대파 등 확인하기

• 사용할 도구 선택하기
❷ 믹싱볼, 나무젓가락 등을 선택하여 준비한다.

• 재료 계량하기
❸ 각각의 재료 분량을 컵과 계량스푼, 저울로 계량하기

• 재료 준비하기
❹ 무는 깨끗이 씻은 후 길이 6cm×0.2cm×0.2cm로 결대로 채 썬다.

• 양념하기
❺ 분량의 재료를 섞어 양념을 만든다.

• 조리하기
❻ 채 썬 무에 고춧가루를 넣고 버무려 고춧물을 들인다.
❼ 고춧물이 든 무에 양념을 버무린다.

• 담아 완성하기
❽ 무생채 담을 그릇을 선택한다.
❾ 그릇에 무생채를 70g 담는다.

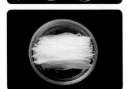

※ **주어진 재료를 사용하여 다음과 같이 무생채를 만드시오.**

가. 무는 0.2×0.2×6cm 정도 크기로 썰어 사용하시오.

나. 생채는 고춧가루를 사용하시오.

다. 무생채는 70g 이상 제출하시오.

## 수험자 유의사항

가. 무채는 길이와 굵기가 일정 하도록 썬다.

나. 무채의 색에 유의한다.

다. 무쳐놓은 생채는 싱싱하고 깨끗하게 한다.

라. 식초와 설탕의 간을 맞추는데 유의한다.

## 학습평가

| 학습내용 | 평가항목 | 성취수준 | | |
|---|---|---|---|---|
| | | 상 | 중 | 하 |
| 생채<br>재료 준비하기 | 조리에 사용하는 재료를 필요량에 맞게 계량할 수 있다. | ☐ | ☐ | ☐ |
| | 생채의 종류에 맞추어 도구와 재료를 준비할 수 있다. | ☐ | ☐ | ☐ |
| | 재료에 따라 요구되는 전처리를 수행할 수 있다. | ☐ | ☐ | ☐ |
| 생채<br>조리하기 | 양념장 재료를 비율대로 혼합, 조절할 수 있다. | ☐ | ☐ | ☐ |
| | 양념이 잘 배합되도록 무칠 수 있다. | ☐ | ☐ | ☐ |
| 생채<br>담아 완성하기 | 생채 그릇을 선택할 수 있다. | ☐ | ☐ | ☐ |
| | 생채 그릇에 담아낼 수 있다. | ☐ | ☐ | ☐ |

## 학습자 완성품 사진

# 더덕생채

## 재료

- 통더덕 2개
  (껍질 있는 것, 길이 10~15cm 정도)
- 소금(정제염) 5g
- 고춧가루 20g
- 흰설탕 5g
- 대파(흰 부분, 4cm 정도) 1토막
- 마늘(중, 깐 것) 1쪽
- 깨소금 5g
- 식초 5ml

### 소금물
- 소금 1/2작은술
- 물 1/2컵

### 양념
- 고춧가루 1큰술
- 소금 1/2작은술
- 설탕 1작은술
- 다진 대파 1작은술
- 다진 마늘 1/2작은술
- 깨소금 1/2작은술
- 식초 1작은술

• 재료 확인하기
❶ 더덕, 고춧가루, 소금, 간장, 설탕, 마늘, 대파 등 확인하기

• 사용할 도구 선택하기
❷ 믹싱볼, 밀대, 나무젓가락 등을 선택하여 준비한다.

• 재료 계량하기
❸ 각각의 재료 분량을 컵과 계량스푼, 저울로 계량하기

• 재료 준비하기
❹ 더덕은 솔로 문질러 깨끗하게 씻은 뒤 껍질을 벗겨서 5cm 길이로 썰어 소금물에 담근다.
❺ 깐 더덕은 방망이로 살살 두들겨 편다. 더덕을 가늘고 길게 찢는다.

• 양념장 만들기
❻ 분량의 재료를 섞어 양념을 만든다.

• 조리하기
❼ 찢은 더덕에 양념을 넣어 고루 버무린다.

• 담아 완성하기
❽ 더덕생채 담을 그릇을 선택한다.
❾ 그릇에 더덕생채를 담는다.

※ **주어진 재료를 사용하여 다음과 같이 더덕생채를 만드시오.**

가. 더덕은 5cm로 썰어 두들겨 편 후 찢어서 쓴맛을 제거하여 사용하시오.

나. 고춧가루로 양념하고, 전량 제출하시오.

**수험자 유의사항**

가. 더덕을 두드릴 때 부스러지지 않도록 한다.

나. 무치기 전에 쓴맛을 빼도록 한다.

다. 무쳐진 상태가 깨끗하고 빛이 고와야 한다.

## 학습평가

| 학습내용 | 평가항목 | 성취수준 | | |
|---|---|---|---|---|
| | | 상 | 중 | 하 |
| 생채<br>재료 준비하기 | 조리에 사용하는 재료를 필요량에 맞게 계량할 수 있다. | ☐ | ☐ | ☐ |
| | 생채의 종류에 맞추어 도구와 재료를 준비할 수 있다. | ☐ | ☐ | ☐ |
| | 재료에 따라 요구되는 전처리를 수행할 수 있다. | ☐ | ☐ | ☐ |
| 생채<br>조리하기 | 양념장 재료를 비율대로 혼합, 조절할 수 있다. | ☐ | ☐ | ☐ |
| | 양념이 잘 배합되도록 무칠 수 있다. | ☐ | ☐ | ☐ |
| 생채<br>담아 완성하기 | 생채 그릇을 선택할 수 있다. | ☐ | ☐ | ☐ |
| | 생채 그릇에 담아낼 수 있다. | ☐ | ☐ | ☐ |

## 학습자 완성품 사진

# 도라지생채

## 재료

- 통도라지(껍질있는 것) 3개
- 소금(정제염) 5g
- 고추장 20g
- 고춧가루 10g
- 흰설탕 10g
- 대파(흰부분, 4cm 정도) 1토막
- 마늘(중, 깐 것) 1쪽
- 깨소금 5g
- 식초 15ml

**양념장**
- 소금 1/2작은술
- 물 1/2컵

**양념**
- 고추장 2작은술
- 고춧가루 1작은술
- 소금 1/2작은술
- 설탕 2작은술
- 다진 대파 1/2작은술
- 다진 마늘 1/4작은술
- 참깨 1/2작은술
- 식초 1큰술

• 재료 확인하기
❶ 통도라지, 고추장, 고춧가루, 소금, 설탕, 다진 대파, 다진 마늘, 참깨 등 확인하기

• 사용할 도구 선택하기
❷ 믹싱볼, 나무젓가락 등을 선택하여 준비한다.

• 재료 계량하기
❸ 각각의 재료 분량을 컵과 계량스푼, 저울로 계량하기

• 재료 준비하기
❹ 도라지는 깨끗하게 씻어 돌려가면서 껍질을 벗긴다.
❺ 도라지는 0.3cm×6cm 편으로 썰어 0.3cm로 채를 썬다.
❻ 소금물에 채 썬 도라지를 자박자박 주물러 물에 헹군다.

• 양념장 만들기
❼ 분량의 재료를 섞어 양념을 만든다.

• 조리하기
❽ 채 썬 도라지에 양념장을 넣어 골고루 무친다.

• 담아 완성하기
❾ 도라지생채에 맞는 그릇을 선택한다.
❿ 그릇에 도라지생채를 담는다.

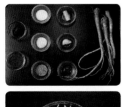

※ **주어진 재료를 사용하여 다음과 같이 도라지생채를 만드시오.**

가. 도라지는 0.3×0.3×6cm로 써시오.

나. 생채는 고추장과 고춧가루 양념으로 무쳐 제출하시오.

**수험자 유의사항**

가. 도라지는 굵기와 길이를 일정하게 하도록 한다.

나. 양념이 거칠지 않고 색이 고와야 한다.

## 학습평가

| 학습내용 | 평가항목 | 성취수준 | | |
|---|---|---|---|---|
| | | 상 | 중 | 하 |
| 생채<br>재료 준비하기 | 조리에 사용하는 재료를 필요량에 맞게 계량할 수 있다. | ☐ | ☐ | ☐ |
| | 생채의 종류에 맞추어 도구와 재료를 준비할 수 있다. | ☐ | ☐ | ☐ |
| | 재료에 따라 요구되는 전처리를 수행할 수 있다. | ☐ | ☐ | ☐ |
| 생채<br>조리하기 | 양념장 재료를 비율대로 혼합, 조절할 수 있다. | ☐ | ☐ | ☐ |
| | 양념이 잘 배합되도록 무칠 수 있다. | ☐ | ☐ | ☐ |
| 생채<br>담아 완성하기 | 생채 그릇을 선택할 수 있다. | ☐ | ☐ | ☐ |
| | 생채 그릇에 담아낼 수 있다. | ☐ | ☐ | ☐ |

## 학습자 완성품 사진

# 잡채

## 재료

- 당면 20g
- 소고기(살코기, 길이 7cm) 30g
- 건표고버섯 1개
  (지름 5cm 정도, 물에 불린 것,
  부서지지 않은 것)
- 건목이버섯 2개
  (지름 5cm 정도, 물에 불린 것)
- 양파(중, 150g 정도) 1/3개
- 오이 1/3개
  (가늘고 곧은 것, 20cm 정도)
- 당근 50g
  (길이 7cm 정도, 곧은 것)
- 숙주(생것) 20g
- 통도라지 1개
  (껍질 있는 것, 길이 20cm 정도)
- 달걀 1개
- 흰설탕 4g
- 대파 1토막
  (흰 부분, 4cm 정도)
- 마늘(중, 깐 것) 2쪽
- 깨소금 5g
- 소금(정제염) 15g
- 검은 후춧가루 2g
- 진간장 20ml
- 참기름 5ml
- 식용유 50ml

### • 재료 확인하기
❶ 당면, 소고기, 당근, 오이, 양파, 목이버섯, 표고버섯, 달걀, 식용유, 소금, 설탕, 대파 등 확인하기

### • 사용할 도구 선택하기
❷ 프라이팬, 나무젓가락 등을 선택하여 준비한다.

### • 재료 계량하기
❸ 각각의 재료 분량을 컵과 계량스푼, 저울로 계량하기

### • 재료 준비하기
❹ 소고기 우둔살은 결대로 0.3cm×0.3cm×6cm 길이로 채를 썬다.
❺ 표고버섯은 얇게 편으로 썰어 채를 썬다.
❻ 미지근한 물에 불린 목이버섯은 2.5cm×2.5cm 정도로 손으로 찢는다.
❼ 당근은 껍질을 벗기고 0.3cm×0.3cm×6cm 길이로 채를 썬다.
❽ 양파는 길이대로 0.3cm 두께로 채를 썬다.
❾ 오이는 돌려깎아 0.3cm×0.3cm×6cm 길이로 채 썰어 소금에 절인다.
❿ 도라지는 0.3cm×0.3cm×6cm 길이로 썰어 소금을 넣어 조물조물 주물러 씻는다.
⓫ 당면은 물에 불린다.
⓬ 숙주는 거두절미한다.

### • 양념장 만들기
⓭ 분량에 재료를 잘 섞어 고기양념을 만든다.
⓮ 분량에 재료를 잘 섞어 당면양념을 만든다.

### • 조리하기
⓯ 달걀은 황·백으로 나누어 지단을 부쳐 0.2cm×0.2cm×4cm 길이로 채를 썬다.
⓰ 소고기, 표고버섯은 고기양념으로 버무려 달구어진 팬에 식용유를 두르고 각각 볶는다.
⓱ 목이버섯, 당근, 양파는 달구어진 팬에 식용유를 두르고 소금간을 하여 각각 볶는다.
⓲ 오이는 물기를 짠 다음 달구어진 팬에 식용유를 두르고 볶는다.
⓳ 손질한 도라지는 도라지양념으로 버무려서 달구어진 팬에 식용유를 두르고 볶는다.
⓴ 불린 당면은 2번 정도 길이로 자르고 끓는 물에 부드럽게 삶아 양념으로 무친다. 양념한 당면은 팬에 살짝 볶는다.
㉑ 지단을 남기고 준비한 재료들을 큰 그릇에 한데 모아 고루 섞는다.

### • 담아 완성하기
㉒ 잡채 담을 그릇을 선택한다.
㉓ 그릇에 잡채를 담고 달걀지단을 고명으로 얹는다.

※ **주어진 재료를 사용하여 다음과 같이 잡채를 만드시오.**

가. 소고기, 양파, 오이, 당근, 도라지, 표고버섯은 0.3×0.3×6cm 정도로
    썰어 사용하시오.

나. 숙주는 데치고 목이버섯은 찢어서 사용하시오.

다. 당면은 삶아서 유장처리하여 볶으시오.

라. 황 · 백지단은 0.2×0.2×4cm로 썰어 고명으로 얹으시오.

**수험자 유의사항**

가. 주어진 재료는 굵기와 길이가 일정하게 한다.

나. 당면은 알맞게 삶아서 간한다.

다. 모든 재료는 양과 색깔의 배합에 유의한다.

## 학습평가

| 학습내용 | 평가항목 | 성취수준 | | |
|---|---|---|---|---|
| | | 상 | 중 | 하 |
| 숙채<br>재료 준비하기 | 조리에 사용하는 재료를 필요량에 맞게 계량할 수 있다. | ☐ | ☐ | ☐ |
| | 숙채의 종류에 맞추어 도구와 재료를 준비할 수 있다. | ☐ | ☐ | ☐ |
| | 재료에 따라 요구되는 전처리를 수행할 수 있다. | ☐ | ☐ | ☐ |
| 숙채<br>조리하기 | 양념장 재료를 비율대로 혼합, 조절할 수 있다. | ☐ | ☐ | ☐ |
| | 숙채는 조리방법에 따라서 삶거나 데칠 수 있다. | ☐ | ☐ | ☐ |
| | 양념이 잘 배합되도록 무치거나 볶을 수 있다. | ☐ | ☐ | ☐ |
| 숙채<br>담아 완성하기 | 숙채 그릇을 선택할 수 있다. | ☐ | ☐ | ☐ |
| | 숙채 그릇에 담아낼 수 있다. | ☐ | ☐ | ☐ |

## 학습자 완성품 사진

# 칠절판

조리기능사 실기 품목 | 시험시간 **40분**

기초 조리 실무
밥 죽
국 탕
찌개 전골
생채 숙채 회
구이
조림 초 볶음
전 적 튀김

## 재료

- 소고기(살코기, 길이 6cm) 50g
- 오이 1/2개
  (가늘고 곧은 것, 20cm 정도)
- 당근 50g
  (길이 7cm 정도, 곧은 것)
- 달걀 1개
- 석이버섯 5g
  (부서지지 않은 것, 마른 것)
- 밀가루(중력분) 50g
- 흰설탕 10g
- 대파(흰 부분, 4cm 정도) 1토막
- 마늘(중, 깐 것) 2쪽
- 깨소금 5g
- 소금(정제염) 10g
- 검은 후춧가루 1g
- 진간장 20ml
- 참기름 10ml
- 식용유 30ml

**밀전병 반죽**
- 밀가루 1컵
- 물 1¼컵
- 소금 1/4작은술

**고기양념**
- 간장 1작은술
- 설탕 1/2작은술
- 다진 대파 1/2작은술
- 다진 마늘 1/4작은술
- 참기름 1작은술
- 깨소금 1/3작은술
- 후춧가루 1/8작은술

• 재료 확인하기
❶ 소고기, 당근, 오이, 석이버섯, 달걀, 식용유, 소금, 설탕, 대파 등 확인하기

• 사용할 도구 선택하기
❷ 프라이팬, 나무젓가락 등을 선택하여 준비한다.

• 재료 계량하기
❸ 각각의 재료 분량을 컵과 계량스푼, 저울로 계량하기

• 재료 준비하기
❹ 소고기 우둔살은 결대로 0.2cm×0.2cm×5cm 길이로 채를 썬다.
❺ 미지근한 물에 불린 석이버섯은 곱게 채를 썬다.
❻ 당근은 껍질을 벗기고 0.2cm×0.2cm×5cm 길이로 채를 썬다.
❼ 오이는 돌려깎아 0.2cm×0.2cm×5cm 길이로 채를 썰고 소금에 절인다.
❽ 밀가루, 물, 소금을 잘 저어 고루 섞어 체에 내려 밀전병 반죽을 만든다.

• 양념장 만들기
❾ 분량에 재료를 잘 섞어 고기양념을 만든다.

• 조리하기
❿ 팬에 기름을 바르고 밀전병 반죽을 한 숟가락씩 떠놓아 둥글고 얇게 직경 8cm가 되도록 8개를 부친다.
⓫ 달걀은 황·백으로 나누어 지단을 부쳐 0.2cm×0.2cm×5cm 길이로 채를 썬다.
⓬ 절인 오이는 물기를 꼭 짜서 달구어진 팬에 식용유를 두르고 볶는다.
⓭ 채 썬 소고기에 고기양념으로 버무려 양념을 하고, 달구어진 팬에 식용유를 두르고 볶는다.
⓮ 당근은 달구어진 팬에 식용유를 두르고 소금 간을 하여 볶는다.
⓯ 석이버섯은 참기름, 소금으로 버무려 볶는다.

• 담아 완성하기
⓰ 칠절판 담을 그릇을 선택한다.
⓱ 그릇에 색스럽게 돌려 담고 가운데는 밀전병을 담는다.
✳ 밀전병 사이사이에 잣가루를 뿌리며 쌓으면 맛도 좋고 보기도 좋다.

※ **주어진 재료를 사용하여 다음과 같이 칠절판을 만드시오.**

가. 밀전병은 직경 8cm 되도록 6개를 만드시오.

나. 채소와 황·백지단, 소고기는 0.2×0.2×5cm 정도로 써시오.

다. 석이버섯은 곱게 채를 써시오.

**수험자 유의사항**

가. 밀전병은 직경 8cm 되도록 6개를 만드시오.

나. 채소와 황·백지단, 소고기는 0.2×0.2×5cm 정도로 써시오.

다. 석이버섯은 곱게 채를 써시오.

## 학습평가

| 학습내용 | 평가항목 | 성취수준 | | |
|---|---|:---:|:---:|:---:|
| | | 상 | 중 | 하 |
| 숙채<br>재료 준비하기 | 조리에 사용하는 재료를 필요량에 맞게 계량할 수 있다. | ☐ | ☐ | ☐ |
| | 숙채의 종류에 맞추어 도구와 재료를 준비할 수 있다. | ☐ | ☐ | ☐ |
| | 재료에 따라 요구되는 전처리를 수행할 수 있다. | ☐ | ☐ | ☐ |
| 숙채<br>조리하기 | 양념장 재료를 비율대로 혼합, 조절할 수 있다. | ☐ | ☐ | ☐ |
| | 숙채는 조리방법에 따라서 삶거나 데칠 수 있다. | ☐ | ☐ | ☐ |
| | 양념이 잘 배합되도록 무치거나 볶을 수 있다. | ☐ | ☐ | ☐ |
| 숙채<br>담아 완성하기 | 숙채 그릇을 선택할 수 있다. | ☐ | ☐ | ☐ |
| | 숙채 그릇에 담아낼 수 있다. | ☐ | ☐ | ☐ |

## 학습자 완성품 사진

# 탕평채

## 재료

- 청포묵(중, 길이 6cm) 150g
- 소고기(살코기, 길이 5cm) 20g
- 숙주(생것) 20g
- 미나리(줄기 부분) 10g
- 달걀 1개
- 김 1/4장
- 흰설탕 5g
- 마늘(중, 깐 것) 2쪽
- 대파(흰 부분, 4cm 정도) 1토막
- 깨소금 5g
- 검은 후춧가루 g
- 진간장 20ml
- 참기름 5ml
- 식초 5ml
- 식용유 10ml
- 소금(정제염) 5g

**고기양념**
- 간장 1/2작은술
- 설탕 1/2작은술
- 다진 대파 1/4작은술
- 다진 마늘 1/6작은술
- 깨소금 약간
- 참기름 1/4작은술
- 후춧가루 1/8작은술

**초간장**
- 간장 1큰술
- 식초 1작은술
- 설탕 1작은술

**삶는 물**
- 물 2컵
- 소금 1/2작은술

• 재료 확인하기
❶ 청포묵, 소고기, 미나리, 숙주, 달걀, 식용유, 소금, 설탕, 대파 등 확인하기

• 사용할 도구 선택하기
❷ 프라이팬, 나무젓가락 등을 선택하여 준비한다.

• 재료 계량하기
❸ 각각의 재료 분량을 컵과 계량스푼, 저울로 계량하기

• 재료 준비하기
❹ 청포묵은 0.4cm×0.4cm×6cm 길이로 채를 썬다.
❺ 소고기 우둔살은 결대로 0.3cm×0.3cm×5cm 길이로 채를 썬다.
❻ 숙주는 머리와 꼬리를 떼어놓는다.
❼ 미나리는 잎을 다듬고 씻어 4cm 길이로 썬다.

• 양념장 만들기
❽ 분량에 재료를 잘 섞어 고기양념을 만든다.
❾ 분량에 재료를 잘 섞어 초간장을 만든다.

• 조리하기
❿ 끓는 소금물에 청포묵을 데쳐서 찬물에 헹군 뒤 체에 밭쳐 물기를 뺀다.
⓫ 끓는 소금물에 숙주, 미나리를 각각 데쳐서 찬물에 헹구어 물기를 짠다.
⓬ 달걀은 황·백으로 나누어 지단을 부친 뒤 0.3cm×0.3cm×4cm 길이로 채를 썬다.
⓭ 채 썬 소고기에 고기양념으로 버무려 양념을 하고, 달구어진 팬에 식용유를 두르고 볶는다.
⓮ 김은 앞뒤로 살짝 구워 잘게 부순다.
⓯ 그릇에 청포묵, 소고기, 미나리, 숙주를 초간장으로 버무린다.

• 담아 완성하기
⓰ 탕평채 담을 그릇을 선택한다.
⓱ 그릇에 탕평채를 담고 달걀지단과 김으로 고명을 얹는다.

※ **주어진 재료를 사용하여 다음과 같이 탕평채를 만드시오.**

가. 청포묵은 0.4×0.4×6cm로 썰어 데쳐서 사용하시오.

나. 모든 부재료의 길이는 4∼5cm로 써시오.

다. 소고기, 미나리, 거두절미한 숙주는 각각 조리하여 청포묵과 함께 초
간장으로 무쳐 담아내시오.

라. 황 · 백지단은 4cm 길이로 채 썰고, 김은 구워 부셔서 고명으로 얹으
시오.

가. 청포묵의 굵기와 길이는 일정하게 한다.

나. 숙주는 거두절미하고, 미나리는 다듬어 데친다.

## 학습평가

| 학습내용 | 평가항목 | 성취수준 | | |
|---|---|---|---|---|
| | | 상 | 중 | 하 |
| 숙채<br>재료 준비하기 | 조리에 사용하는 재료를 필요량에 맞게 계량할 수 있다. | ☐ | ☐ | ☐ |
| | 숙채의 종류에 맞추어 도구와 재료를 준비할 수 있다. | ☐ | ☐ | ☐ |
| | 재료에 따라 요구되는 전처리를 수행할 수 있다. | ☐ | ☐ | ☐ |
| 숙채<br>조리하기 | 양념장 재료를 비율대로 혼합, 조절할 수 있다. | ☐ | ☐ | ☐ |
| | 숙채는 조리방법에 따라서 삶거나 데칠 수 있다. | ☐ | ☐ | ☐ |
| | 양념이 잘 배합되도록 무치거나 볶을 수 있다. | ☐ | ☐ | ☐ |
| 숙채<br>담아 완성하기 | 숙채 그릇을 선택할 수 있다. | ☐ | ☐ | ☐ |
| | 숙채 그릇에 담아낼 수 있다. | ☐ | ☐ | ☐ |

## 학습자 완성품 사진

# 겨자냉채

## 재료

- 소고기(살코기, 길이 50cm) 50g
- 양배추(길이 5cm) 50g
- 오이 1/3개
  (가늘고 곧은 것, 20cm 정도)
- 당근 50g
  (7cm 정도, 곧은 것)
- 밤(중, 생것, 껍질깐 것) 2개
- 달걀 1개
- 배 1/8개
  (중, 길이로 등분, 50g 정도 지급)
- 잣(깐 것) 5개
- 겨잣가루 6g
- 흰설탕 20g
- 소금(정제염) 5g
- 진간장 5ml
- 식초 10ml
- 식용유 10ml

### 설탕물
- 물 1/2컵  · 설탕 1작은술

### 겨자즙
- 발효겨자 1큰술
- 진간장 1/3작은술
- 소금 1/3작은술
- 설탕 1큰술
- 식초 1큰술
- 육수 1작은술

• 재료 확인하기
❶ 소고기 양지머리, 오이, 당근, 양배추, 깐 밤, 잣, 달걀, 배, 식용유 등 확인하기

• 사용할 도구 선택하기
❷ 프라이팬, 나무젓가락 등을 선택하여 준비한다.

• 재료 계량하기
❸ 각각의 재료 분량을 컵과 계량스푼, 저울로 계량하기

• 재료 준비하기
❹ 오이, 당근, 양배추는 씻어서 0.3cm×1cm×4cm 크기로 썰어 찬물에 담가 놓는다.
❺ 배는 0.3cm×1cm×4cm 크기로 썰어 설탕물에 담가 놓는다.
❻ 밤은 편으로 썬다.
❼ 잣은 고깔을 떼고 마른 면포로 닦아 놓는다.
❽ 분량의 재료를 잘 섞어 겨자장을 만든다.

• 조리하기
❾ 냄비에 물을 부어 끓으면 소고기를 삶아 편육을 만든 뒤 0.3cm×1cm×4cm 크기로 썬다.
❿ 달걀은 황·백으로 지단을 부쳐 0.3cm×1cm×4cm 크기로 썬다.
⓫ 준비한 재료를 겨자즙으로 버무린다.

• 담아 완성하기
⓬ 겨자냉채 담을 그릇을 선택한다.
⓭ 그릇에 겨자냉채를 담고 잣을 고명으로 올린다.

※ **주어진 재료를 사용하여 다음과 같이 겨자냉채를 만드시오.**

가. 채소, 편육, 황 · 백지단, 배는 0.3×1×4cm로 써시오.

나. 밤은 모양대로 납작하게 써시오.

다. 겨자는 발효시켜 매운맛이 나도록 하여 간을 맞춘 후 재료를 무쳐서
   담고, 잣은 고명으로 올리시오.

가. 채소는 싱싱하게 아삭거릴 수 있도록 준비한다.

나. 겨자는 매운맛이 나도록 준비한다.

## 학습평가

| 학습내용 | 평가항목 | 성취수준 | | |
|---|---|---|---|---|
| | | 상 | 중 | 하 |
| 생채<br>재료 준비하기 | 조리에 사용하는 재료를 필요량에 맞게 계량할 수 있다. | ☐ | ☐ | ☐ |
| | 겨자냉채의 맞추어 도구와 재료를 준비할 수 있다. | ☐ | ☐ | ☐ |
| | 재료에 따라 요구되는 전처리를 수행할 수 있다. | ☐ | ☐ | ☐ |
| 생채<br>조리하기 | 양념장 재료를 비율대로 혼합, 조절할 수 있다. | ☐ | ☐ | ☐ |
| | 겨자냉채의 조리방법에 따라서 삶거나 데칠 수 있다. | ☐ | ☐ | ☐ |
| | 양념이 잘 배합되도록 무치거나 볶을 수 있다. | ☐ | ☐ | ☐ |
| 생채<br>담아 완성하기 | 겨자냉채 그릇을 선택할 수 있다. | ☐ | ☐ | ☐ |
| | 겨자냉채 그릇에 담아낼 수 있다. | ☐ | ☐ | ☐ |

## 학습자 완성품 사진

# 육회

기초
조리
실무

밥
죽

국
탕

찌개
전골

생채
숙채
회

구이

조림
초
볶음

전
적
튀김

## 재료

- 소고기(살코기) 90g
- 배(중, 100g 정도 지급) 1/4개
- 잣(깐 것) 5개
- 흰설탕 6g
- 마늘(중, 깐 것) 3쪽
- 대파(흰 부분, 4cm 정도) 2토막
- 깨소금 5g
- 검은 후춧가루 2g
- 참기름 10ml

### 고기양념

- 소금 1작은술
- 설탕 2큰술
- 다진 대파 1작은술
- 다진 마늘 1/2작은술
- 참깨 1작은술
- 참기름 2작은술
- 후춧가루 약간

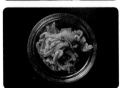

- 재료 확인하기
① 소고기 우둔살, 배, 마늘, 잣, 용지, 소금, 설탕 등 확인하기

- 사용할 도구 선택하기
② 믹싱볼, 나무젓가락 등을 선택하여 준비한다.

- 재료 계량하기
③ 각각의 재료 분량을 컵과 계량스푼, 저울로 계량하기

- 재료 손질하기
④ 소고기 우둔살은 힘줄이나 기름을 제거하고 0.3cm×0.3cm×6cm 크기로 채를 썬다.
⑤ 배는 껍질을 벗기고 0.3cm 두께로 채를 썬다.
⑥ 마늘은 편으로 썬다.
⑦ 잣은 고깔을 떼고 면포로 닦아 곱게 다진다.

- 양념장 만들기
⑧ 분량의 재료를 잘 섞어 고기양념을 만든다.

- 조리하기
⑨ 채 썬 고기는 고기양념으로 버무린다.

- 담아 완성하기
⑩ 육회 담을 그릇을 선택한다.
⑪ 그릇에 배, 마늘을 곁들여 육회를 담고 잣가루를 고명으로 얹는다.

※ **주어진 재료를 사용하여 다음과 같이 육회를 만드시오.**

가. 소고기는 0.3×0.3×6cm로 썰어 소금 양념으로 하시오.

나. 마늘은 편으로 썰어 장식하고 잣가루를 고명으로 얹으시오.

다. 소고기는 손질하여 전량 사용하시오.

가. 소고기의 채를 고르게 썬다.

나. 배는 채 썰고, 마늘은 편으로 썰어 장식한다.

다. 잣가루를 고명으로 한다.

라. 배와 양념한 소고기의 변색에 유의한다.

## 학습평가

| 학습내용 | 평가항목 | 성취수준 | | |
|---|---|---|---|---|
| | | 상 | 중 | 하 |
| 회<br>재료 준비하기 | 조리에 사용하는 재료를 필요량에 맞게 계량할 수 있다. | ☐ | ☐ | ☐ |
| | 회에 맞추어 도구와 재료를 준비할 수 있다. | ☐ | ☐ | ☐ |
| | 재료에 따라 요구되는 전처리를 수행할 수 있다. | ☐ | ☐ | ☐ |
| 회<br>조리하기 | 양념장 재료를 비율대로 혼합, 조절할 수 있다. | ☐ | ☐ | ☐ |
| | 회의 조리방법에 따라서 삶거나 데칠 수 있다. | ☐ | ☐ | ☐ |
| | 양념이 잘 배합되도록 무치거나 볶을 수 있다. | ☐ | ☐ | ☐ |
| 회<br>담아 완성하기 | 회의 그릇을 선택할 수 있다. | ☐ | ☐ | ☐ |
| | 회를 그릇에 담아낼 수 있다. | ☐ | ☐ | ☐ |

## 학습자 완성품 사진

# 미나리강회

## 재료

- 미나리(줄기 부분) 30g
- 소고기(살코기, 길이 7cm) 80g
- 달걀 2개
- 홍고추(생) 1개
- 고추장 15g
- 흰설탕 5g
- 소금(정제염) 5g
- 식초 5ml
- 식용유 10ml

### 소금물
- 물 2컵
- 소금 1/2작은술

### 초고추장
- 고추장 1큰술
- 식초 1작은술
- 설탕 1작은술

• 재료 확인하기
❶ 미나리, 달걀, 붉은 고추, 소고기, 소금, 고추장 등 확인하기

• 사용할 도구 선택하기
❷ 프라이팬, 냄비, 나무젓가락 등을 선택하여 준비한다.

• 재료 계량하기
❸ 각각의 재료 분량을 컵과 계량스푼, 저울로 계량하기

• 재료 준비하기
❹ 미나리는 잎을 떼고 다듬어 씻는다.
❺ 붉은 고추는 씨를 제거하고 4cm×0.5cm×0.5cm 크기로 썬다.
❻ 소고기는 찬물에 담가 핏물을 제거한다.

• 양념장 만들기
❼ 분량의 재료를 잘 섞어 초고추장을 만든다.

• 조리하기
❽ 소고기는 덩어리로 삶는다. 잘 삶아진 고기는 4cm×1.5cm×0.5cm 크기로 썬다.
❾ 미나리는 끓는 소금물에 데쳐 물기를 제거한다.
❿ 달걀은 잘 풀어서 황·백으로 지단을 부친다. 4cm×1.5cm 크기로 썬다.
⓫ 미나리 하나를 들고 달걀, 고추, 편육을 보기 좋게 돌돌 만다.

• 담아 완성하기
⓬ 미나리강회 담을 그릇을 선택한다.
⓭ 그릇에 보기 좋게 미나리강회를 담는다. 초고추장을 곁들인다.

※ **주어진 재료를 사용하여 다음과 같이 미나리강회를 만드시오.**

가. 강회의 폭은 1.5cm, 길이는 5cm 정도로 하시오.

나. 붉은 고추의 폭은 0.5cm, 길이는 4cm 정도로 하시오.

다. 강회는 8개 만들어 초고추장과 함께 제출하시오.

**수험자 유의사항**

가. 강회의 폭은 1.5cm, 길이는 5cm 정도로 하시오.

나. 붉은 고추의 폭은 0.5cm, 길이는 4cm 정도로 하시오.

다. 강회는 8개 만들어 초고추장과 함께 제출하시오.

## 학습평가

| 학습내용 | 평가항목 | 성취수준 | | |
|---|---|---|---|---|
| | | 상 | 중 | 하 |
| 회<br>재료 준비하기 | 조리에 사용하는 재료를 필요량에 맞게 계량할 수 있다. | ☐ | ☐ | ☐ |
| | 회에 맞추어 도구와 재료를 준비할 수 있다. | ☐ | ☐ | ☐ |
| | 재료에 따라 요구되는 전처리를 수행할 수 있다. | ☐ | ☐ | ☐ |
| 회<br>조리하기 | 양념장 재료를 비율대로 혼합, 조절할 수 있다. | ☐ | ☐ | ☐ |
| | 회의 조리방법에 따라서 삶거나 데칠 수 있다. | ☐ | ☐ | ☐ |
| | 양념이 잘 배합되도록 무치거나 볶을 수 있다. | ☐ | ☐ | ☐ |
| 회<br>담아 완성하기 | 회의 그릇을 선택할 수 있다. | ☐ | ☐ | ☐ |
| | 회를 그릇에 담아낼 수 있다. | ☐ | ☐ | ☐ |

## 학습자 완성품 사진

# 너비아니구이

## 재료

- 소고기 100g
  (안심 또는 등심 덩어리로)
- 배(50g 정도 지급) 1/8개
- 흰설탕 10g
- 대파 1토막
  (흰 부분, 4cm 정도)
- 마늘(중, 깐 것) 2쪽
- 깨소금 5g
- 식용유 10ml
- 검은 후춧가루 2g
- 진간장 50ml
- 참기름 10ml
- 잣(깐 것) 5개
- A4용지 1장

### 양념장

- 간장 1큰술
- 배즙(육수) 2큰술
- 다진 대파 2작은술
- 다진 마늘 1/2작은술
- 설탕 2작은술
- 깨소금 1/2작은술
- 참기름 1작은술
- 후춧가루 약간

• 재료 확인하기
❶ 소고기, 잣, 식용유, 간장, 배즙, 대파, 마늘 등 확인하기

• 사용할 도구 선택하기
❷ 프라이팬, 나무젓가락 등을 선택하여 준비한다.

• 재료 계량하기
❸ 각각의 재료 분량을 컵과 계량스푼, 저울로 계량하기

• 재료 준비하기
❹ 소고기는 등심 또는 안심으로 5cm×4cm×0.5cm 크기로 썰어 잔 칼집을 넣어 연하게 한다.
❺ 잣은 곱게 다진다.

• 양념장 만들기
❻ 파, 마늘, 설탕, 배즙, 후추, 깨소금을 넣어 고루 섞어 양념장을 만든다. (배즙이 없을 경우 육수를 사용해도 좋다.)

• 조리하기
❼ 손질한 고기에 고기양념을 고루 주물러 재워 놓는다.
❽ 석쇠를 불에 달궈 식용유를 바른다.
❾ 양념장에 재워둔 소고기를 가지런히 얹어 타지 않게 굽는다.

• 담아 완성하기
❿ 너비아니구이 담을 그릇을 선택한다.
⓫ 너비아니구이를 따뜻하게 6쪽 담아내고 잣가루를 고명으로 뿌린다.

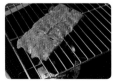

※ **주어진 재료를 사용하여 다음과 같이 너비아니구이를 만드시오.**

가. 완성된 너비아니는 0.5×4×5cm로 하시오.

나. 석쇠를 사용하여 굽고, 6쪽 제출하시오.

다. 잣가루를 고명으로 얹으시오.

**수험자 유의사항**

가. 고기가 연하도록 손질한다.

나. 구워진 정도와 모양·색깔에 유의한다.

다. 석쇠를 사용하여 굽는다.

## 학습평가

| 학습내용 | 평가항목 | 성취수준 | | |
|---|---|---|---|---|
| | | 상 | 중 | 하 |
| 구이<br>재료 준비하기 | 조리에 사용하는 재료를 필요량에 맞게 계량할 수 있다. | ☐ | ☐ | ☐ |
| | 구이의 종류에 맞추어 도구와 재료를 준비할 수 있다. | ☐ | ☐ | ☐ |
| | 재료에 따라 요구되는 전처리를 수행할 수 있다. | ☐ | ☐ | ☐ |
| 구이<br>양념장 만들기 | 양념장 재료를 비율대로 혼합, 조절할 수 있다. | ☐ | ☐ | ☐ |
| | 필요에 따라 양념장을 숙성할 수 있다. | ☐ | ☐ | ☐ |
| | 만든 양념장을 용도에 맞게 활용할 수 있다. | ☐ | ☐ | ☐ |
| 구이<br>조리하기 | 구이종류에 따라 유장처리나 양념을 할 수 있다 | ☐ | ☐ | ☐ |
| | 구이종류에 따라 초벌구이를 할 수 있다. | ☐ | ☐ | ☐ |
| | 온도와 불의 세기를 조절하여 익힐 수 있다. | ☐ | ☐ | ☐ |
| | 구이의 색, 형태를 유지할 수 있다. | ☐ | ☐ | ☐ |
| 구이<br>담아 완성하기 | 조리법에 따라 구이 그릇을 선택할 수 있다. | ☐ | ☐ | ☐ |
| | 조리한 음식을 부서지지 않게 담을 수 있다. | ☐ | ☐ | ☐ |
| | 구이는 따뜻한 온도를 유지하여 담을 수 있다. | ☐ | ☐ | ☐ |
| | 조리종류에 따라 고명으로 장식할 수 있다. | ☐ | ☐ | ☐ |

## 학습자 완성품 사진

# 제육구이

## 재료

- 돼지고기 150g
  (등심 또는 볼깃살)
- 고추장 40g
- 흰설탕 15g
- 대파 1토막
  (흰 부분, 4cm 정도)
- 마늘(중, 깐 것) 2쪽
- 생강 10g
- 깨소금 5g
- 검은 후춧가루 2g
- 진간장 10ml
- 참기름 5ml
- 식용유 10ml

### 양념장

- 고추장 2큰술
- 간장 1작은술
- 설탕 1큰술
- 다진 대파 1작은술
- 다진 마늘 1/2작은술
- 생강즙 1/2작은술
- 참기름 1작은술
- 참깨 1작은술
- 후춧가루 약간

• 재료 확인하기

❶ 돼지고기, 식용유, 고추장, 간장, 설탕, 대파, 마늘 등 확인하기

• 사용할 도구 선택하기

❷ 프라이팬, 나무젓가락 등을 선택하여 준비한다.

• 재료 계량하기

❸ 각각의 재료 분량을 컵과 계량스푼, 저울로 계량하기

• 재료 준비하기

❹ 돼지고기는 0.4cm×4cm×5cm 크기로 썰어 잔 칼집을 넣는다.

• 양념장 만들기

❺ 양념 재료를 모두 섞어 양념을 만든다.

• 조리하기

❻ 돼지고기 목살에 양념을 넣어 잘 버무린다.

❼ 석쇠를 불에 달궈 식용유를 바른다.

❽ 양념장에 재워둔 돼지고기를 가지런히 얹어 타지 않게 굽는다.

• 담아 완성하기

❾ 제육구이 담을 그릇을 선택한다.

❿ 제육구이를 따뜻하게 담아낸다.

※ **주어진 재료를 사용하여 다음과 같이 제육구이를 만드시오.**

가. 완성된 제육은 0.4×4×5cm 정도로 하시오.

나. 고추장 양념하여 석쇠에 구우시오.

다. 제육구이는 전량 제출하시오.

### 수험자 유의사항

가. 구워진 표면이 마르지 않도록 한다.

나. 구워진 고기의 모양과 색깔에 유의하여 굽는다.

다. 고기가 잘 익도록 구워야 한다.

라. 석쇠를 사용하여 굽는다.

## 학습평가

| 학습내용 | 평가항목 | 성취수준 | | |
|---|---|---|---|---|
| | | 상 | 중 | 하 |
| 구이<br>재료 준비하기 | 조리에 사용하는 재료를 필요량에 맞게 계량할 수 있다. | ☐ | ☐ | ☐ |
| | 구이의 종류에 맞추어 도구와 재료를 준비할 수 있다. | ☐ | ☐ | ☐ |
| | 재료에 따라 요구되는 전처리를 수행할 수 있다. | ☐ | ☐ | ☐ |
| 구이<br>양념장 만들기 | 양념장 재료를 비율대로 혼합, 조절할 수 있다. | ☐ | ☐ | ☐ |
| | 필요에 따라 양념장을 숙성할 수 있다. | ☐ | ☐ | ☐ |
| | 만든 양념장을 용도에 맞게 활용할 수 있다. | ☐ | ☐ | ☐ |
| 구이<br>조리하기 | 구이종류에 따라 유장처리나 양념을 할 수 있다 | ☐ | ☐ | ☐ |
| | 구이종류에 따라 초벌구이를 할 수 있다. | ☐ | ☐ | ☐ |
| | 온도와 불의 세기를 조절하여 익힐 수 있다. | ☐ | ☐ | ☐ |
| | 구이의 색, 형태를 유지할 수 있다. | ☐ | ☐ | ☐ |
| 구이<br>담아 완성하기 | 조리법에 따라 구이 그릇을 선택할 수 있다. | ☐ | ☐ | ☐ |
| | 조리한 음식을 부서지지 않게 담을 수 있다. | ☐ | ☐ | ☐ |
| | 구이는 따뜻한 온도를 유지하여 담을 수 있다. | ☐ | ☐ | ☐ |
| | 조리종류에 따라 고명으로 장식할 수 있다. | ☐ | ☐ | ☐ |

## 학습자 완성품 사진

# 생선양념구이

## 재료

- 조기 1마리
  (100~120g 정도)
- 고추장 40g
- 흰설탕 5g
- 대파 1토막
  (흰 부분, 4cm 정도)
- 마늘(중, 깐 것) 1쪽
- 깨소금 5g
- 소금(정제염) 20g
- 진간장 20ml
- 참기름 5ml
- 검은 후춧가루 2g
- 식용유 10ml

### 유장
- 참기름 1작은술
- 간장 1/3작은술

### 고추장양념
- 고추장 1큰술
- 설탕 1작은술
- 다진 대파 1작은술
- 다진 마늘 1/2작은술
- 참기름 1작은술
- 참깨 1/3작은술
- 후춧가루 약간

• 재료 확인하기
❶ 조기, 소금, 참기름, 간장, 고추장, 설탕, 대파, 마늘 등 확인하기

• 사용할 도구 선택하기
❷ 프라이팬, 석쇠, 나무젓가락 등을 선택하여 준비한다.

• 재료 계량하기
❸ 각각의 재료 분량을 컵과 계량스푼, 저울로 계량하기

• 재료 준비하기
❹ 조기는 지느러미를 손질하고 비늘을 긁는다. 아가미로 내장을 꺼내고 생선 등쪽에 2cm 간격으로 칼집을 넣는다.
❺ 손질한 조기에 소금을 뿌려 간을 한다.

• 양념장 만들기
❻ 분량의 재료를 섞어 유장을 만든다.
❼ 분량의 재료를 섞어 고추장양념을 만든다.

• 조리하기
❽ 조기의 물기를 닦고 유장을 발라 석쇠에 굽는다.
❾ 애벌구이한 조기에 고추장양념을 발라 타지 않게 굽는다.

• 담아 완성하기
❿ 생선양념구이 담을 그릇을 선택한다.
⓫ 조기의 머리는 왼쪽, 배는 아래쪽에 오도록 담는다.

**※ 주어진 재료를 사용하여 다음과 같이 생선양념구이를 만드시오.**

가. 생선은 머리와 꼬리를 포함하여 통째로 사용하고 내장은 아가미 쪽으로 제거하시오.

나. 유장으로 초벌구이하고, 고추장 양념으로 석쇠에 구우시오.

다. 생선구이는 머리 왼쪽, 배 앞쪽 방향으로 담아내시오.

**수험자 유의사항**

가. 석쇠를 사용하여 부서지지 않게 굽도록 유의한다.

나. 생선이 타지 않도록 유의한다.

## 학습평가

| 학습내용 | 평가항목 | 성취수준 | | |
|---|---|---|---|---|
| | | 상 | 중 | 하 |
| 구이<br>재료 준비하기 | 조리에 사용하는 재료를 필요량에 맞게 계량할 수 있다. | ☐ | ☐ | ☐ |
| | 구이의 종류에 맞추어 도구와 재료를 준비할 수 있다. | ☐ | ☐ | ☐ |
| | 재료에 따라 요구되는 전처리를 수행할 수 있다. | ☐ | ☐ | ☐ |
| 구이<br>양념장 만들기 | 양념장 재료를 비율대로 혼합, 조절할 수 있다. | ☐ | ☐ | ☐ |
| | 필요에 따라 양념장을 숙성할 수 있다. | ☐ | ☐ | ☐ |
| | 만든 양념장을 용도에 맞게 활용할 수 있다. | ☐ | ☐ | ☐ |
| 구이<br>조리하기 | 구이종류에 따라 유장처리나 양념을 할 수 있다 | ☐ | ☐ | ☐ |
| | 구이종류에 따라 초벌구이를 할 수 있다. | ☐ | ☐ | ☐ |
| | 온도와 불의 세기를 조절하여 익힐 수 있다. | ☐ | ☐ | ☐ |
| | 구이의 색, 형태를 유지할 수 있다. | ☐ | ☐ | ☐ |
| 구이<br>담아 완성하기 | 조리법에 따라 구이 그릇을 선택할 수 있다. | ☐ | ☐ | ☐ |
| | 조리한 음식을 부서지지 않게 담을 수 있다. | ☐ | ☐ | ☐ |
| | 구이는 따뜻한 온도를 유지하여 담을 수 있다. | ☐ | ☐ | ☐ |
| | 조리종류에 따라 고명으로 장식할 수 있다. | ☐ | ☐ | ☐ |

## 학습자 완성품 사진

# 북어구이

조리기능사 실기 품목 시험시간 **20분**

기초조리실무

밥죽

국탕

찌개전골

생채숙채회

구이

조림초볶음

전적튀김

## 재료

- 북어포 40g
  (반을 갈라 말린 껍질이 있는 것)
- 고추장 40g
- 흰설탕 2g
- 대파 1토막
  (흰 부분, 4cm 정도)
- 마늘(중, 깐 것) 2쪽
- 깨소금 5g
- 검은 후춧가루 2g
- 진간장 20ml
- 참기름 15ml
- 식용유 10ml

### 유장

- 참기름 1큰술
- 간장 1/2작은술
- 소금 약간

### 고추장양념

- 고추장 2큰술
- 간장 1/2작은술
- 설탕 1큰술
- 다진 대파 1큰술
- 다진 마늘 1/2큰술
- 참기름 1작은술
- 참깨 1/2작은술
- 후춧가루 약간

• 재료 확인하기
❶ 북어, 소금, 참기름, 간장, 고추장, 설탕, 대파, 마늘 등 확인하기

• 사용할 도구 선택하기
❷ 프라이팬, 석쇠, 나무젓가락 등을 선택하여 준비한다.

• 재료 계량하기
❸ 각각의 재료 분량을 컵과 계량스푼, 저울로 계량하기

• 재료 준비하기
❹ 북어는 물에 불려 물기를 짜고 지느러미, 머리, 꼬리를 제거한 뒤 뼈를 발라 6cm 길이로 자른다.
❺ 등쪽 껍질에 칼집을 넣는다.

• 양념장 만들기
❻ 분량의 재료를 섞어 유장을 만든다.
❼ 분량의 재료를 섞어 고추장양념을 만든다.

• 조리하기
❽ 불린 북어는 유장으로 양념을 한다.
❾ 달궈진 석쇠에 유장 처리한 북어를 굽고, 고추장양념을 발라 약한 불에서 다시 한 번 굽는다.

• 담아 완성하기
❿ 북어구이 담을 그릇을 선택한다.
⓫ 북어는 5cm 길이로 3개를 따뜻하게 담는다.

※ **주어진 재료를 사용하여 다음과 같이 북어구이를 만드시오.**

가. 구워진 북어의 길이는 5cm로 하시오.

나. 유장으로 초벌구이하고, 고추장 양념으로 석쇠에 구우시오.

다. 완성품은 3개를 제출하시오.

　　(단, 세로로 잘라 3/6토막 제출할 경우 수량 부족으로 미완성 처리)

가. 북어를 물에 불려 두들겨서 부드럽게 한다.

나. 고추장 양념장을 만들어 북어를 무쳐서 재운다.

다. 북어가 타지 않도록 잘 굽는다.

라. 석쇠를 사용하여 굽는다.

## 학습평가

| 학습내용 | 평가항목 | 성취수준 | | |
|---|---|---|---|---|
| | | 상 | 중 | 하 |
| 구이 재료 준비하기 | 조리에 사용하는 재료를 필요량에 맞게 계량할 수 있다. | ☐ | ☐ | ☐ |
| | 구이의 종류에 맞추어 도구와 재료를 준비할 수 있다. | ☐ | ☐ | ☐ |
| | 재료에 따라 요구되는 전처리를 수행할 수 있다. | ☐ | ☐ | ☐ |
| 구이 양념장 만들기 | 양념장 재료를 비율대로 혼합, 조절할 수 있다. | ☐ | ☐ | ☐ |
| | 필요에 따라 양념장을 숙성할 수 있다. | ☐ | ☐ | ☐ |
| | 만든 양념장을 용도에 맞게 활용할 수 있다. | ☐ | ☐ | ☐ |
| 구이 조리하기 | 구이종류에 따라 유장처리나 양념을 할 수 있다 | ☐ | ☐ | ☐ |
| | 구이종류에 따라 초벌구이를 할 수 있다. | ☐ | ☐ | ☐ |
| | 온도와 불의 세기를 조절하여 익힐 수 있다. | ☐ | ☐ | ☐ |
| | 구이의 색, 형태를 유지할 수 있다. | ☐ | ☐ | ☐ |
| 구이 담아 완성하기 | 조리법에 따라 구이 그릇을 선택할 수 있다. | ☐ | ☐ | ☐ |
| | 조리한 음식을 부서지지 않게 담을 수 있다. | ☐ | ☐ | ☐ |
| | 구이는 따뜻한 온도를 유지하여 담을 수 있다. | ☐ | ☐ | ☐ |
| | 조리종류에 따라 고명으로 장식할 수 있다. | ☐ | ☐ | ☐ |

## 학습자 완성품 사진

# 더덕구이

## 재료

- 통더덕 3개
  (껍질 있는 것, 길이 10~15cm 정도)
- 소금(정제염) 10g
- 고추장 30g
- 흰설탕 5g
- 대파 1토막
  (흰 부분, 4cm 정도)
- 마늘(중, 깐 것) 1쪽
- 깨소금 5g
- 진간장 10ml
- 참기름 10ml
- 식용유 10ml

### 유장
- 참기름 1작은술
- 간장 1/2작은술

### 고추장양념
- 고추장 1큰술
- 설탕 1/2작은술
- 다진 마늘 1/2작은술
- 다진 대파 1작은술
- 참기름 1/2작은술
- 참깨 1/3작은술
- 물 1작은술

### • 재료 확인하기
❶ 더덕, 소금, 식용유, 참기름, 간장, 설탕, 마늘, 대파 등 확인하기

### • 사용할 도구 선택하기
❷ 프라이팬, 석쇠, 나무젓가락 등을 선택하여 준비한다.

### • 재료 계량하기
❸ 각각의 재료 분량을 컵과 계량스푼, 저울로 계량하기

### • 재료 준비하기
❹ 더덕은 솔로 문질러 깨끗하게 씻은 뒤 껍질을 벗긴다. 소금물에 담근다.
❺ 깐 더덕은 방망이로 살살 두들겨 편다.

### • 양념장 만들기
❻ 분량의 재료를 섞어 유장을 만든다.
❼ 분량의 재료를 섞어 고추장양념장을 만든다.

### • 조리하기
❽ 더덕에 유장을 하고 석쇠에 굽는다.
❾ 유장에 구운 더덕에 고추장양념을 발라 석쇠에 굽는다.

### • 담아 완성하기
❿ 더덕구이 담을 그릇을 선택한다.
⓫ 더덕구이를 5cm 길이로 썰어 8개 담는다.

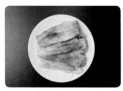
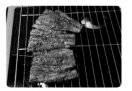

※ **주어진 재료를 사용하여 다음과 같이 더덕구이를 만드시오.**

가. 더덕은 껍질을 벗겨 사용하시오.

나. 유장으로 초벌구이하고, 고추장 양념으로 석쇠에 구우시오.

다. 완성품은 전량 제출하시오.

수험자 유의사항

가. 더덕이 부서지지 않도록 한다.

나. 더덕이 타지 않도록 굽는 데 유의한다.

다. 석쇠를 사용하여 굽는다.

## 학습평가

| 학습내용 | 평가항목 | 성취수준 | | |
|---|---|:---:|:---:|:---:|
| | | 상 | 중 | 하 |
| 구이<br>재료 준비하기 | 조리에 사용하는 재료를 필요량에 맞게 계량할 수 있다. | ☐ | ☐ | ☐ |
| | 구이의 종류에 맞추어 도구와 재료를 준비할 수 있다. | ☐ | ☐ | ☐ |
| | 재료에 따라 요구되는 전처리를 수행할 수 있다. | ☐ | ☐ | ☐ |
| 구이<br>양념장 만들기 | 양념장 재료를 비율대로 혼합, 조절할 수 있다. | ☐ | ☐ | ☐ |
| | 필요에 따라 양념장을 숙성할 수 있다. | ☐ | ☐ | ☐ |
| | 만든 양념장을 용도에 맞게 활용할 수 있다. | ☐ | ☐ | ☐ |
| 구이<br>조리하기 | 구이종류에 따라 유장처리나 양념을 할 수 있다 | ☐ | ☐ | ☐ |
| | 구이종류에 따라 초벌구이를 할 수 있다. | ☐ | ☐ | ☐ |
| | 온도와 불의 세기를 조절하여 익힐 수 있다. | ☐ | ☐ | ☐ |
| | 구이의 색, 형태를 유지할 수 있다. | ☐ | ☐ | ☐ |
| 구이<br>담아 완성하기 | 조리법에 따라 구이 그릇을 선택할 수 있다. | ☐ | ☐ | ☐ |
| | 조리한 음식을 부서지지 않게 담을 수 있다. | ☐ | ☐ | ☐ |
| | 구이는 따뜻한 온도를 유지하여 담을 수 있다. | ☐ | ☐ | ☐ |
| | 조리종류에 따라 고명으로 장식할 수 있다. | ☐ | ☐ | ☐ |

## 학습자 완성품 사진

# 두부조림

## 재료

- 두부 200g
- 실고추(길이 10cm, 1~2줄기) 1g
- 소금(정제염) 5g
- 대파(흰 부분, 4cm 정도) 1토막
- 마늘(중, 깐 것) 1쪽
- 깨소금 5g
- 흰설탕 5g
- 검은 후춧가루 1g
- 식용유 30ml
- 진간장 15ml
- 참기름 5ml

### 양념장

- 간장 1/2큰술
- 설탕 1/2작은술
- 다진 대파 1작은술
- 다진 마늘 1/2작은술
- 참기름 1/2작은술
- 깨소금 1/2작은술

- 재료 확인하기
❶ 두부, 대파, 식용유, 실고추, 간장, 마늘 등 확인하기

- 사용할 도구 선택하기
❷ 냄비, 프라이팬, 나무젓가락 등을 선택하여 준비한다.

- 재료 계량하기
❸ 각각의 재료 분량을 컵과 계량스푼, 저울로 계량하기

- 재료 준비하기
❹ 두부는 3cm×4.5cm×0.8cm 크기로 썰어 소금, 후추를 뿌린다.

- 양념장 만들기
❺ 분량의 재료를 섞어 양념장을 만든다.

- 조리하기
❻ 두부에 물기를 제거하고 달구어진 팬에 식용유를 두르고 지진다.
❼ 냄비에 지져낸 두부를 담고 양념장을 끼얹고 자작하게 물을 부어 조린다.

- 담아 완성하기
❽ 두부조림 담을 그릇을 선택한다.
❾ 두부조림 8쪽을 보기 좋게 담는다.

※ **주어진 재료를 사용하여 다음과 같이 두부조림을 만드시오.**

가. 두부는 0.8×3×4.5cm로 써시오.

나. 8쪽을 제출하고, 촉촉하게 보이도록 국물을 약간 끼얹어 내시오.

다. 실고추와 파채를 고명으로 얹으시오.

수험자 유의사항

가. 두부가 부서지지 않고 질기지 않게 한다.

나. 조림은 색깔이 좋고 윤기가 나도록 한다.

## 학습평가

| 학습내용 | 평가항목 | 성취수준 | | |
|---|---|---|---|---|
| | | 상 | 중 | 하 |
| 조림 재료 준비하기 | 조리법을 고려하여 적합한 재료를 선택할 수 있다. | ☐ | ☐ | ☐ |
| | 조리에 사용하는 재료를 필요량에 맞게 계량할 수 있다. | ☐ | ☐ | ☐ |
| | 조림에 따라 도구와 재료를 준비할 수 있다. | ☐ | ☐ | ☐ |
| | 조림조리의 재료에 따라 전처리를 수행할 수 있다. | ☐ | ☐ | ☐ |
| 조림 양념장 만들기 | 양념장 재료를 비율대로 혼합, 조절할 수 있다. | ☐ | ☐ | ☐ |
| | 필요에 따라 양념장을 숙성시킬 수 있다. | ☐ | ☐ | ☐ |
| | 만든 양념장을 용도에 맞게 활용할 수 있다. | ☐ | ☐ | ☐ |
| 조림 조리하기 | 조리종류에 따라 준비한 도구에 재료를 넣고 양념장에 조리거나 기름에 볶을 수 있다. | ☐ | ☐ | ☐ |
| | 재료와 양념장의 비율, 첨가 시점을 조절할 수 있다. | ☐ | ☐ | ☐ |
| | 재료가 눌어붙거나 모양이 흐트러지지 않게 화력을 조절하여 익힐 수 있다. | ☐ | ☐ | ☐ |
| | 조리종류에 따라 국물의 양을 조절할 수 있다. | ☐ | ☐ | ☐ |
| 조림 담아 완성하기 | 조리종류에 따라 그릇을 선택할 수 있다. | ☐ | ☐ | ☐ |
| | 조리법에 따라 국물 양을 조절하여 담아낼 수 있다. | ☐ | ☐ | ☐ |
| | 조림조리에 따라 고명을 얹어낼 수 있다. | ☐ | ☐ | ☐ |

## 학습자 완성품 사진

# 홍합초

## 재료

- 생홍합 100g
  (굵고 싱싱한 것, 껍질 벗긴 것으로 지급)
- 대파(흰 부분, 4cm 정도) 1토막
- 마늘(중, 깐 것) 2쪽
- 생강 15g
- 흰설탕 10g
- 검은 후춧가루 2g
- 진간장 40ml
- 참기름 5ml
- 잣(깐 것) 5개
- A4용지 1장

## 양념장

- 간장 2큰술
- 설탕 2작은술
- 물 6큰술
- 후춧가루 약간

**• 재료 확인하기**

❶ 생홍합살, 소고기, 대파, 마늘, 생강, 잣가루, 참기름, 소금, 간장, 설탕 등 확인하기

**• 사용할 도구 선택하기**

❷ 냄비, 나무젓가락 등을 선택하여 준비한다.

**• 재료 계량하기**

❸ 각각의 재료 분량을 컵과 계량스푼, 저울로 계량하기

**• 재료 준비하기**

❹ 생홍합은 큰 것으로 골라서 붙어 있는 털을 떼어내고 다듬는다.
❺ 대파는 3cm로 썬다.
❻ 마늘과 생강은 편으로 썬다.
❼ 잣은 고깔을 떼고 마른 면포로 닦아 다진다.

**• 양념장 만들기**

❽ 냄비에 분량의 재료를 섞어 양념장을 만든다.

**• 조리하기**

❾ 홍합은 끓는 물에 살짝 데쳐서 건진다.
❿ 양념장에 대파, 마늘, 생강을 넣고 끓어오르면 홍합을 넣어 약한 불에서 서서히 조린다. 중간에 양념장을 끼얹어주며 조린다.
⓫ 국물이 3큰술 정도 남으면, 참기름을 넣어 윤기를 낸다.

**• 담아 완성하기**

⓬ 홍합초 담을 그릇을 선택한다.
⓭ 홍합초를 담아낸다. 잣가루를 뿌린다.

※ **주어진 재료를 사용하여 다음과 같이 홍합초를 만드시오.**

가. 마늘과 생강은 편으로, 파는 2cm로 써시오.

나. 홍합은 전량 사용하고, 촉촉하게 보이도록 국물을 끼얹어 제출하시오.

다. 잣가루를 고명으로 얹으시오.

가. 홍합을 깨끗이 손질하도록 한다.

나. 조려진 홍합이 너무 질기지 않아야 한다.

다. 마늘과 생강은 편으로 썰고, 파는 2cm 길이로 토막 내어 함께 조린다.

## 학습평가

| 학습내용 | 평가항목 | 성취수준 | | |
|---|---|---|---|---|
| | | 상 | 중 | 하 |
| 초<br>재료 준비하기 | 조리법을 고려하여 적합한 재료를 선택할 수 있다. | ☐ | ☐ | ☐ |
| | 조리에 사용하는 재료를 필요량에 맞게 계량할 수 있다. | ☐ | ☐ | ☐ |
| | 초조리에 따라 도구와 재료를 준비할 수 있다. | ☐ | ☐ | ☐ |
| | 초조리의 재료에 따라 전처리를 수행할 수 있다. | ☐ | ☐ | ☐ |
| 초<br>양념장 만들기 | 양념장 재료를 비율대로 혼합, 조절할 수 있다. | ☐ | ☐ | ☐ |
| | 요리에 따라 양념장을 숙성시킬 수 있다. | ☐ | ☐ | ☐ |
| | 만든 양념장을 용도에 맞게 활용할 수 있다. | ☐ | ☐ | ☐ |
| 초<br>조리하기 | 조리종류에 따라 준비한 도구에 재료를 넣고 양념장에 조리거나 기름에<br>볶을 수 있다. | ☐ | | ☐ |
| | 재료와 양념장의 비율, 첨가 시점을 조절할 수 있다. | ☐ | ☐ | ☐ |
| | 재료가 눌어붙거나 모양이 흐트러지지 않게 화력을 조절하여 익힐 수 있다. | ☐ | ☐ | ☐ |
| | 조리종류에 따라 국물의 양을 조절할 수 있다. | ☐ | ☐ | ☐ |
| 초<br>담아 완성하기 | 조리종류에 따라 그릇을 선택할 수 있다. | ☐ | ☐ | ☐ |
| | 조리법에 따라 국물 양을 조절하여 담아낼 수 있다. | ☐ | ☐ | ☐ |
| | 초 조리에 따라 고명을 얹어낼 수 있다. | ☐ | ☐ | ☐ |

## 학습자 완성품 사진

# 오징어볶음

## 재료

- 물오징어(250g 정도) 1마리
- 풋고추(길이 5cm 이상) 1개
- 홍고추(생) 1개
- 양파(중, 150g 정도) 1/3개
- 고추장 50g
- 고춧가루 15g
- 흰설탕 20g
- 대파 1토막
(흰 부분, 4cm 정도)
- 마늘(중, 깐 것) 2쪽
- 생강 5g
- 깨소금 5g
- 소금(정제염) 5g
- 검은 후춧가루 2g
- 진간장 10ml
- 참기름 10ml
- 식용유 30ml

• 재료 확인하기
❶ 오징어, 소금, 간장, 설탕, 참기름, 깨소금, 풋고추, 붉은 고추 등 확인하기

• 사용할 도구 선택하기
❷ 냄비, 프라이팬, 나무젓가락 등을 선택하여 준비한다.

• 재료 계량하기
❸ 각각의 재료 분량을 컵과 계량스푼, 저울로 계량하기

• 재료 준비하기
❹ 오징어는 반으로 갈라서 껍질을 벗긴다.
❺ 오징어 안쪽에 대각선으로 0.3cm 폭으로 칼집을 넣어 4cm×1.5cm 크기로 썬다. 다리는 4cm 길이로 자른다.
❻ 양파는 1cm 두께로 채 썬다.
❼ 붉은 고추, 풋고추는 0.8cm 두께로 어슷썰기하여 씨를 뺀다.
❽ 대파는 0.8cm 두께로 어슷썰기를 한다.

• 양념장 만들기
❾ 고추장 2큰술, 고춧가루 1큰술, 설탕 1½큰술, 간장 1작은술, 다진 마늘 2작은술, 생강즙 1작은술, 깨소금 1작은술, 참기름 1작은술, 후춧가루 약간을 섞어 양념을 만든다.

• 조리하기
❿ 달구어진 팬에 식용유를 두르고 양파, 붉은 고추, 풋고추, 대파를 넣어 볶는다. 오징어와 양념장을 넣어 볶는다.

• 담아 완성하기
⓫ 오징어볶음 담을 그릇을 선택한다.
⓬ 오징어볶음을 담아낸다.

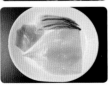

※ **주어진 재료를 사용하여 다음과 같이 오징어볶음을 만드시오.**

가. 오징어는 0.3cm 폭으로 어슷하게 칼집을 넣고, 크기는 4×1.5cm 정
   도로 써시오.

   (단, 오징어 다리는 4cm 길이로 자른다.)

나. 고추, 파는 어슷썰기, 양파는 폭 1cm로 써시오.

**수험자 유의사항**

가. 오징어 손질시 먹물이 터지지 않도록 유의하고 분할 상태가 일정해야 한다.

나. 고추, 파는 일정하게 어슷썰기하고, 양파는 폭 1cm 정도로 일정하게 채 썬다.

다. 완성품의 양념 상태는 고춧가루 색이 배이도록 한다.

## 학습평가

| 학습내용 | 평가항목 | 성취수준 | | |
|---|---|---|---|---|
| | | 상 | 중 | 하 |
| 볶음<br>재료 준비하기 | 조리법을 고려하여 적합한 재료를 선택할 수 있다. | ☐ | ☐ | ☐ |
| | 조리에 사용하는 재료를 필요량에 맞게 계량할 수 있다. | ☐ | ☐ | ☐ |
| | 볶음조리에 따라 도구와 재료를 준비할 수 있다. | ☐ | ☐ | ☐ |
| | 볶음조리의 재료에 따라 전처리를 수행할 수 있다. | ☐ | ☐ | ☐ |
| 볶음<br>양념장 만들기 | 양념장 재료를 비율대로 혼합, 조절할 수 있다. | ☐ | ☐ | ☐ |
| | 필요에 따라 양념장을 숙성시킬 수 있다. | ☐ | ☐ | ☐ |
| | 만든 양념장을 용도에 맞게 활용할 수 있다. | ☐ | ☐ | ☐ |
| 볶음<br>조리하기 | 조리종류에 따라 준비한 도구에 재료를 넣고 양념장에 조리거나 기름에<br>볶을 수 있다. | ☐ | | ☐ |
| | 재료와 양념장의 비율, 첨가 시점을 조절할 수 있다. | ☐ | | ☐ |
| | 재료가 눌어붙거나 모양이 흐트러지지 않게 화력을 조절하여 익힐 수 있다. | ☐ | | ☐ |
| | 조리종류에 따라 국물의 양을 조절할 수 있다. | ☐ | | ☐ |
| 볶음<br>담아 완성하기 | 조리종류에 따라 그릇을 선택할 수 있다. | ☐ | | ☐ |
| | 조리법에 따라 국물 양을 조절하여 담아낼 수 있다. | ☐ | ☐ | ☐ |
| | 볶음조리에 따라 고명을 얹어낼 수 있다. | ☐ | ☐ | ☐ |

## 학습자 완성품 사진

# 풋고추전

## 재료

- 풋고추(길이 11cm 이상) 2개
- 소고기(살코기) 30g
- 두부 15g
- 밀가루(중력분) 15g
- 달걀 1개
- 대파(흰 부분, 4cm 정도) 1토막
- 마늘(중, 깐 것) 1쪽
- 흰설탕 5g
- 깨소금 5g
- 검은 후춧가루 1g
- 소금(정제염) 5g
- 참기름 5ml
- 식용유 20ml

• 재료 확인하기
❶ 풋고추, 소고기, 두부, 밀가루, 달걀, 소금 등 확인하기

• 사용할 도구 선택하기
❷ 프라이팬, 나무젓가락 등을 선택하여 준비한다.

• 재료 계량하기
❸ 각각의 재료 분량을 컵과 계량스푼, 저울로 계량하기

• 재료 준비하기
❹ 대파, 마늘은 곱게 다진다.
❺ 풋고추는 꼭지를 1cm 정도로 자르고, 길이 반으로 잘라 씨를 제거한다. 풋고추를 5cm 길이로 썬다.
❺ 소고기는 핏물을 제거하고, 곱게 다진다.
❻ 두부는 면포로 물기를 제거하고 으깬다.

• 양념장 만들기
❼ 다진 대파 1/2작은술, 다진 마늘 1/4작은술, 설탕 1/3작은술, 참기름 1작은술, 깨소금 1/3작은술, 소금 1/3작은술, 후춧가루 약간을 잘 섞어 양념장을 만든다.

• 조리하기
❽ 소고기와 두부를 합하여 양념장으로 잘 버무린다.
❾ 달걀에 소금을 넣어 잘 풀어둔다.
❿ 풋고추 안쪽에 밀가루를 묻혀 톡톡 털어내고 소를 넣어 밀가루를 묻힌 뒤 달걀을 입혀 노릇하게 지진다.

• 담아 완성하기
⓫ 풋고추전 담을 그릇을 선택한다.
⓬ 풋고추전은 기름을 제거하여 8개를 따뜻하게 담아낸다.

※ **주어진 재료를 사용하여 다음과 같이 풋고추전을 만드시오.**

가. 풋고추는 5cm 길이로, 소를 넣어 지져 내시오.

나. 풋고추는 잘라 데쳐서 사용하며, 완성된 풋고추전은 8개를 제출하시오.

가. 풋고추는 반으로 갈라서 씨를 발라내고 데쳐 사용한다.

나. 완성된 풋고추전의 고추가 파랗고 면이 깨끗하도록 유의한다.

## 학습평가

| 학습내용 | 평가항목 | 성취수준 | | |
|---|---|---|---|---|
| | | 상 | 중 | 하 |
| 전 재료 준비하기 | 조리특성에 맞게 신선하고 적합한 재료를 선택할 수 있다. | ☐ | ☐ | ☐ |
| | 전재료를 필요량에 맞게 계량할 수 있다. | ☐ | ☐ | ☐ |
| | 전에 맞추어 도구를 준비할 수 있다. | ☐ | ☐ | ☐ |
| | 전의 종류에 맞추어 재료를 전처리하여 준비할 수 있다. | ☐ | ☐ | ☐ |
| 전 조리하기 | 밀가루, 달걀 등의 재료를 섞어 반죽물 농도를 맞출 수 있다. | ☐ | ☐ | ☐ |
| | 조리의 종류에 따라 속재료 및 혼합재료 등을 만들 수 있다. | ☐ | ☐ | ☐ |
| | 주재료에 따라 소를 채우거나 꼬치를 활용하여 전의 형태를 만들 수 있다. | ☐ | ☐ | ☐ |
| 전 담아 완성하기 | 재료와 조리법에 따라 기름의 종류·양과 온도를 조절하여 지지거나 튀길 수 있다. | ☐ | ☐ | ☐ |
| | 조리법에 따라 전그릇을 선택할 수 있다. | ☐ | ☐ | ☐ |
| | 전의 조리는 기름을 제거하여 담아낼 수 있다. | ☐ | ☐ | ☐ |
| | 전 조리를 따뜻한 온도, 색, 풍미를 유지하여 담아낼 수 있다. | ☐ | ☐ | ☐ |

## 학습자 완성품 사진

# 표고버섯전

## 재료

- 건표고버섯 5개
  (지름 2.5~4cm 정도, 부서지지
  않은 것을 불려서 지급)
- 소고기(살코기) 30g
- 두부 15g
- 밀가루(중력분) 20g
- 달걀 1개
- 대파(흰 부분, 4cm 정도) 1토막
- 흰설탕 2g
- 마늘(중, 깐 것) 1쪽
- 검은 후춧가루 1g
- 깨소금 5g
- 소금(정제염) 5g
- 진간장 5ml
- 참기름 5ml
- 식용유 20ml

### 버섯양념

- 간장 1/3작은술   · 설탕 1/5작은술
- 참기름 1작은술   · 후춧가루 약간

### 고기양념

- 간장 1/4작은술
- 설탕 1/2작은술
- 다진 대파 1/2작은술
- 다진 마늘 1/4작은술
- 참기름 1/3작은술
- 깨소금 1/4작은술
- 후춧가루 약간

**• 재료 확인하기**
❶ 표고버섯, 소고기 우둔, 두부, 밀가루, 달걀 등 확인하기

**• 사용할 도구 선택하기**
❷ 프라이팬, 나무젓가락 등을 선택하여 준비한다.

**• 재료 계량하기**
❸ 각각의 재료 분량을 컵과 계량스푼, 저울로 계량하기

**• 재료 준비하기**
❹ 표고버섯은 따뜻한 물에 불려 기둥을 떼고 물기를 제거한다. 간장, 설탕, 참기름, 후춧가루를 넣어 조물조물 양념을 한다.
❺ 소고기는 핏물을 제거하고 곱게 다진다.
❻ 두부는 면포에 꼭꼭 눌러 물기를 없애고 곱게 으깬다.
❼ 달걀은 그릇에 흰자, 노른자를 섞어 소금 간을 하여 젓가락으로 풀어 놓는다.

**• 조리하기**
❽ 소고기와 두부를 합하여 고기양념을 한다.
❾ 표고버섯 안쪽에 밀가루를 묻히고 소고기와 두부를 섞어 양념한 것을 편편하게 채운다.
❿ 소고기와 두부를 편편하게 채운 쪽에 밀가루를 묻혀 톡톡 털고 달걀물에 담갔다가 약한 불에서 식용유를 둘러 지진다.

**• 담아 완성하기**
⓫ 표고버섯전 담을 그릇을 선택한다.
⓬ 표고버섯전은 기름을 제거하여 따뜻하게 담아낸다.

※ **주어진 재료를 사용하여 다음과 같이 표고버섯전을 만드시오.**

가. 표고버섯과 속은 각각 양념하여 사용하시오.

나. 표고버섯전은 5개를 제출하시오.

수험자 유의사항

가. 표고의 색깔을 잘 살릴 수 있도록 한다.

나. 고기가 완전히 익도록 한다.

## 학습평가

| 학습내용 | 평가항목 | 성취수준 | | |
|---|---|---|---|---|
| | | 상 | 중 | 하 |
| 전<br>재료 준비하기 | 조리특성에 맞게 신선하고 적합한 재료를 선택할 수 있다. | ☐ | ☐ | ☐ |
| | 전재료를 필요량에 맞게 계량할 수 있다. | ☐ | ☐ | ☐ |
| | 전에 맞추어 도구를 준비할 수 있다. | ☐ | ☐ | ☐ |
| | 전의 종류에 맞추어 재료를 전처리하여 준비할 수 있다. | ☐ | ☐ | ☐ |
| 전<br>조리하기 | 밀가루, 달걀 등의 재료를 섞어 반죽물 농도를 맞출 수 있다. | ☐ | ☐ | ☐ |
| | 조리의 종류에 따라 속재료 및 혼합재료 등을 만들 수 있다. | ☐ | ☐ | ☐ |
| | 주재료에 따라 소를 채우거나 꼬치를 활용하여 전의 형태를 만들 수 있다. | ☐ | ☐ | ☐ |
| 전<br>담아 완성하기 | 재료와 조리법에 따라 기름의 종류·양과 온도를 조절하여 지지거나<br>튀길 수 있다. | ☐ | ☐ | ☐ |
| | 조리법에 따라 전그릇을 선택할 수 있다. | ☐ | ☐ | ☐ |
| | 전의 조리는 기름을 제거하여 담아낼 수 있다. | ☐ | ☐ | ☐ |
| | 전 조리를 따뜻한 온도, 색, 풍미를 유지하여 담아낼 수 있다. | ☐ | ☐ | ☐ |

## 학습자 완성품 사진

# 생선전

## 재료

- 동태(400g 정도) 1마리
- 밀가루(중력분) 30g
- 달걀 1개
- 소금(정제염) 10g
- 흰후춧가루 2g
- 식용유 50ml

• 재료 확인하기
❶ 동태, 소금, 후춧가루, 밀가루, 달걀, 식용유 확인하기

• 사용할 도구 선택하기
❷ 프라이팬, 나무젓가락 등을 선택하여 준비한다.

• 재료 계량하기
❸ 각각의 재료 분량을 컵과 계량스푼, 저울로 계량하기

• 재료 준비하기
❹ 동태는 지느러미를 제거하고 비늘을 긁는다. 내장을 게거하고 물에 깨끗이 씻는다. 3장뜨기를 하여 껍질을 벗기고, 꼬리 쪽부터 0.5cm ×5cm×4cm 크기로 포를 뜬다.
❺ 소금, 후추로 간을 한다.
❻ 달걀에 소금을 넣고 풀어 놓는다.

• 조리하기
❼ 밑간한 생선에 물기를 제거하고 밀가루를 묻혀 톡톡 턴 뒤 달걀물에 담갔다가 약한 불에 식용유를 두르고 지진다.

• 담아 완성하기
❽ 생선전 담을 그릇을 선택한다.
❾ 생선전은 기름을 제거하여 따뜻하게 8개를 담아낸다.

※ **주어진 재료를 사용하여 다음과 같이 생선전을 만드시오.**

가. 생선전은 0.5×5×4cm로 만드시오.

나. 달걀은 흰자, 노른자를 혼합하여 사용하시오.

다. 생선전은 8개 제출하시오.

수험자 유의사항

가. 생선이 부서지지 않게 한다.

나. 달걀옷이 떨어지지 않도록 한다.

## 학습평가

| 학습내용 | 평가항목 | 성취수준 | | |
|---|---|---|---|---|
| | | 상 | 중 | 하 |
| 전<br>재료 준비하기 | 조리특성에 맞게 신선하고 적합한 재료를 선택할 수 있다. | ☐ | ☐ | ☐ |
| | 전재료를 필요량에 맞게 계량할 수 있다. | ☐ | ☐ | ☐ |
| | 전에 맞추어 도구를 준비할 수 있다. | ☐ | ☐ | ☐ |
| | 전의 종류에 맞추어 재료를 전처리하여 준비할 수 있다. | ☐ | ☐ | ☐ |
| 전<br>조리하기 | 밀가루, 달걀 등의 재료를 섞어 반죽물 농도를 맞출 수 있다. | ☐ | ☐ | ☐ |
| | 조리의 종류에 따라 속재료 및 혼합재료 등을 만들 수 있다. | ☐ | ☐ | ☐ |
| | 주재료에 따라 소를 채우거나 꼬치를 활용하여 전의 형태를 만들 수 있다. | ☐ | ☐ | ☐ |
| 전<br>담아 완성하기 | 재료와 조리법에 따라 기름의 종류·양과 온도를 조절하여 지지거나<br>튀길 수 있다. | ☐ | ☐ | ☐ |
| | 조리법에 따라 전그릇을 선택할 수 있다. | ☐ | ☐ | ☐ |
| | 전의 조리는 기름을 제거하여 담아낼 수 있다. | ☐ | ☐ | ☐ |
| | 전 조리를 따뜻한 온도, 색, 풍미를 유지하여 담아낼 수 있다. | ☐ | ☐ | ☐ |

## 학습자 완성품 사진

# 육원전

## 재료

- 소고기(살코기) 70g
- 두부 30g
- 밀가루(중력분) 20g
- 달걀 1개
- 흰설탕 5g
- 대파(흰 부분, 4cm 정도) 1토막
- 마늘(중, 깐 것) 1쪽
- 소금(정제염) 5g
- 검은 후춧가루 2g
- 참기름 5ml
- 식용유 30ml
- 깨소금 5g

### 고기양념

- 소금 1/2작은술
- 설탕 1/4작은술
- 다진 대파 1작은술
- 다진 마늘 1/2작은술
- 참기름 1작은술
- 깨소금 1/2작은술
- 후춧가루 1/5작은술

• 재료 확인하기
❶ 소고기, 두부, 밀가루, 달걀, 식용유, 소금 등 확인하기

• 사용할 도구 선택하기
❷ 프라이팬, 나무젓가락 등을 선택하여 준비한다.

• 재료 계량하기
❸ 각각의 재료 분량을 컵과 계량스푼, 저울로 계량하기

• 재료 준비하기
❹ 소고기는 곱게 다져 면포로 핏물을 제거한다.
❺ 두부는 면포에 꼭꼭 눌러 물기를 없애고 곱게 으깬다.
❻ 달걀은 그릇에 흰자, 노른자를 섞어 소금 간을 한 뒤 젓가락으로 풀어 놓는다.

• 조리하기
❼ 소고기와 두부를 합하여 고기양념을 한다.
❽ 양념한 고기를 4cm 정도로 둥글고 0.7cm 정도로 납작하게 만들어 밀가루를 묻히고 달걀물에 담갔다가 약한 불에 식용유를 두르고 지진다.

• 담아 완성하기
❾ 육원전 담을 그릇을 선택한다.
❿ 육원전은 기름을 제거하여 따뜻하게 6개를 담아낸다.

※ 주어진 재료를 사용하여 다음과 같이 육원전을 만드시오.

가. 육원전은 지름이 4cm, 두께 0.7cm 정도가 되도록 하시오.

나. 달걀은 흰자, 노른자를 혼합하여 사용하시오.

다. 육원전은 6개를 제출하시오.

### 수험자 유의사항

가. 전의 크기는 직경 4cm, 두께 0.7cm 정도가 되도록 한다.

나. 고기와 두부의 배합이 맞아야 한다.

다. 전의 속까지 잘 익도록 한다.

라. 모양이 흐트러지지 않아야 한다.

## 학습평가

| 학습내용 | 평가항목 | 성취수준 | | |
|---|---|---|---|---|
| | | 상 | 중 | 하 |
| 전<br>재료 준비하기 | 조리특성에 맞게 신선하고 적합한 재료를 선택할 수 있다. | ☐ | ☐ | ☐ |
| | 전재료를 필요량에 맞게 계량할 수 있다. | ☐ | ☐ | ☐ |
| | 전에 맞추어 도구를 준비할 수 있다. | ☐ | ☐ | ☐ |
| | 전의 종류에 맞추어 재료를 전처리하여 준비할 수 있다. | ☐ | ☐ | ☐ |
| 전<br>조리하기 | 밀가루, 달걀 등의 재료를 섞어 반죽물 농도를 맞출 수 있다. | ☐ | ☐ | ☐ |
| | 조리의 종류에 따라 속재료 및 혼합재료 등을 만들 수 있다. | ☐ | ☐ | ☐ |
| | 주재료에 따라 소를 채우거나 꼬치를 활용하여 전의 형태를 만들 수 있다. | ☐ | ☐ | ☐ |
| 전<br>담아 완성하기 | 재료와 조리법에 따라 기름의 종류 · 양과 온도를 조절하여 지지거나<br>튀길 수 있다. | ☐ | ☐ | ☐ |
| | 조리법에 따라 전그릇을 선택할 수 있다. | ☐ | ☐ | ☐ |
| | 전의 조리는 기름을 제거하여 담아낼 수 있다. | ☐ | ☐ | ☐ |
| | 전 조리를 따뜻한 온도, 색, 풍미를 유지하여 담아낼 수 있다. | ☐ | ☐ | ☐ |

## 학습자 완성품 사진

# 섭산적

## 재료

- 소고기(살코기) 80g
- 두부 30g
- 흰설탕 10g
- 대파(흰 부분, 4cm 정도) 1토막
- 마늘(중, 깐 것) 1쪽
- 깨소금 5g
- 소금(정제염) 5g
- 검은 후춧가루 2g
- 참기름 5ml
- 잣(깐 것) 10개
- 식용유 30ml

### 고기양념

- 소금 1/2작은술
- 설탕 1/2큰술
- 다진 대파 2작은술
- 다진 마늘 1작은술
- 참기름 1작은술
- 깨소금 1/2작은술
- 후춧가루 1/8작은술

• 재료 확인하기
❶ 소고기 우둔살, 두부, 잣, 소금, 설탕, 대파 등 확인하기

• 사용할 도구 선택하기
❷ 석쇠, 프라이팬, 나무젓가락 등을 선택하여 준비한다.

• 재료 계량하기
❸ 각각의 재료 분량을 컵과 계량스푼, 저울로 계량하기

• 재료 준비하기
❹ 소고기 우둔살은 곱게 다지고 핏물을 제거한다.
❺ 두부는 면포에 싸서 물기를 제거하고 곱게 으깬다.
❻ 잣은 고깔을 떼고 마른 면포로 닦아 다진다.

• 조리하기
❼ 소고기와 두부를 함께 양념하고 끈기가 나도록 고루 치대어 섞는다.
❽ 도마에 양념한 고기를 얹어 두께 1cm 정도로 네모지게 만들어 윗면을 칼등으로 자근자근 두들긴다.
❾ 석쇠에 양념된 고기를 얹어 고루 익힌다.
❿ 2cm×2cm 크기로 썬다.

• 담아 완성하기
⓫ 섭산적 담을 그릇을 선택한다.
⓬ 섭산적은 따뜻하게 담아낸다. 잣가루로 고명을 한다.

※ **주어진 재료를 사용하여 다음과 같이 섭산적을 만드시오.**

가. 고기와 두부의 비율을 3 : 1 정도로 하시오.

나. 다져서 양념한 소고기는 크게 반대기를 지어 석쇠에 구우시오.

다. 완성된 섭산적은 0.7×2×2cm로 9개 이상 제출하시오.

가. 다져서 양념한 소고기는 크게 반대기를 지어 구운 뒤 자른다.

나. 고기가 타지 않게 잘 구워 지도록 유의한다.

## 학습평가

| 학습내용 | 평가항목 | 성취수준 | | |
|---|---|---|---|---|
| | | 상 | 중 | 하 |
| 적<br>재료 준비하기 | 조리특성에 맞게 신선하고 적합한 재료를 선택할 수 있다. | ☐ | ☐ | ☐ |
| | 적에 필요량을 맞게 계량할 수 있다. | ☐ | ☐ | ☐ |
| | 적에 맞추어 도구를 준비할 수 있다. | ☐ | ☐ | ☐ |
| | 적의 종류에 맞추어 재료를 전처리하여 준비할 수 있다. | ☐ | ☐ | ☐ |
| 적<br>조리하기 | 밀가루, 달걀 등의 재료를 섞어 반죽물 농도를 맞출 수 있다. | ☐ | ☐ | ☐ |
| | 조리의 종류에 따라 속재료 및 혼합재료 등을 만들 수 있다. | ☐ | ☐ | ☐ |
| | 주재료에 따라 소를 채우거나 꼬치를 활용하여 적의 형태를 만들 수 있다. | ☐ | ☐ | ☐ |
| | 재료와 조리법에 따라 기름의 종류·양과 온도를 조절하여 지지거나<br>튀길 수 있다. | ☐ | ☐ | ☐ |
| 적<br>담아 완성하기 | 조리법에 따라 적그릇을 선택할 수 있다. | ☐ | ☐ | ☐ |
| | 적의 조리는 기름을 제거하여 담아낼 수 있다. | ☐ | ☐ | ☐ |
| | 적 조리를 따뜻한 온도, 색, 풍미를 유지하여 담아낼 수 있다. | ☐ | ☐ | ☐ |

## 학습자 완성품 사진

# 화양적

## 재료

- 소고기(살코기, 길이 7cm) 50g
- 오이 1/2개
  (가늘고 곧은 것, 20cm 정도)
- 통도라지 1개
  (껍질이 있는 것, 길이 20cm 정도)
- 건표고버섯 1개
  (지름 5cm 정도, 물에 불린 것,
  부서지지 않은 것)
- 당근(길이 7cm 정도, 곧은 것) 50g
- 달걀 2개
- 잣(깐 것) 10개
- 산적꼬치(길이 8~9cm 정도) 2개
- 흰설탕 5g
- 대파(흰 부분, 4cm 정도) 1토막
- 마늘(중, 깐 것) 1쪽
- 깨소금 5g
- 소금(정제염) 5g
- 검은 후춧가루 2g
- 진간장 5ml
- 참기름 5ml
- A4용지 1장
- 식용유 30ml

• 재료 확인하기
❶ 소고기 우둔살, 표고버섯, 통도라지, 당근, 오이, 달걀 등 확인하기

• 사용할 도구 선택하기
❷ 냄비, 프라이팬, 나무젓가락 등을 선택하여 준비한다.

• 재료 계량하기
❸ 각각의 재료 분량을 컵과 계량스푼, 저울로 계량하기

• 재료 준비하기
❹ 소고기는 힘줄과 기름을 제거하고 0.8cm 두께로 썰어 칼등으로 자근자근 두들긴다.
❺ 마른 표고버섯은 잘 불려 1cm 폭으로 길게 썬다.
❻ 통도라지, 당근은 6cm×1cm×0.6cm 크기로 썬다.
❼ 오이는 6cm×1cm×0.6cm 크기로 썰어 소금에 절였다가 물기를 짠다.

• 조리하기
❽ 소고기, 표고는 고기양념으로 버무린다.
❾ 썬 도라지, 당근은 끓는 소금물에 데쳐 찬물에 헹군다.
❿ 달걀은 0.6cm 두께의 황색으로 지단을 부쳐서 6cm×1cm 크기로 썬다.
⓫ 데친 도라지와 당근은 팬에 기름을 두르고 살짝 볶아준다.
⓬ 소고기는 팬에 식용유를 둘러 지진 다음 6cm 길이의 막대모양으로 썬다.
⓭ 표고버섯은 팬에 볶는다.
⓮ 산적꼬치에 준비한 재료들을 색스럽게 끼운다.
⓯ 산적꼬치는 양끝을 1cm 정도 남기고 자른다.

• 담아 완성하기
⓰ 화양적 담을 그릇을 선택한다.
⓱ 화양적은 따뜻하게 담아낸다. 잣가루를 고명으로 얹는다.

※ **주어진 재료를 사용하여 다음과 같이 화양적을 만드시오.**

가. 화양적은 0.6×6×6cm로 만드시오.

나. 달걀노른자로 지단을 만들어 사용하시오.

　(단, 달걀흰자 지단을 사용하는 경우 오작 처리)

다. 화양적은 2꼬치를 만들고 잣가루를 고명으로 얹으시오.

**수험자 유의사항**

가. 통도라지는 쓴맛을 잘 뺀다.

나. 끼우는 순서는 색의 조화가 잘 이루어지도록 한다.

## 학습평가

| 학습내용 | 평가항목 | 성취수준 | | |
|---|---|---|---|---|
| | | 상 | 중 | 하 |
| 적<br>재료 준비하기 | 조리특성에 맞게 신선하고 적합한 재료를 선택할 수 있다. | ☐ | ☐ | ☐ |
| | 적에 필요량을 맞게 계량할 수 있다. | ☐ | ☐ | ☐ |
| | 적에 맞추어 도구를 준비할 수 있다. | ☐ | ☐ | ☐ |
| | 적의 종류에 맞추어 재료를 전처리하여 준비할 수 있다. | ☐ | ☐ | ☐ |
| 적<br>조리하기 | 밀가루, 달걀 등의 재료를 섞어 반죽물 농도를 맞출 수 있다. | ☐ | ☐ | ☐ |
| | 조리의 종류에 따라 속재료 및 혼합재료 등을 만들 수 있다. | ☐ | ☐ | ☐ |
| | 주재료에 따라 소를 채우거나 꼬치를 활용하여 적의 형태를 만들 수 있다. | ☐ | ☐ | ☐ |
| | 재료와 조리법에 따라 기름의 종류·양과 온도를 조절하여 지지거나<br>튀길 수 있다. | ☐ | ☐ | ☐ |
| 적<br>담아 완성하기 | 조리법에 따라 적그릇을 선택할 수 있다. | ☐ | ☐ | ☐ |
| | 적의 조리는 기름을 제거하여 담아낼 수 있다. | ☐ | ☐ | ☐ |
| | 적 조리를 따뜻한 온도, 색, 풍미를 유지하여 담아낼 수 있다. | ☐ | ☐ | ☐ |

## 학습자 완성품 사진

# 지짐누름적

## 재료

- 소고기(살코기, 길이 7cm) 60g
- 건표고버섯 1개
  (지름 5cm 정도, 물에 불린 것,
  부서지지 않은 것)
- 당근 50g
  (길이 7cm 정도, 곧은 것)
- 쪽파(중) 2뿌리
- 통도라지 1개
  (껍질 있는 것, 길이 20cm 정도)
- 밀가루(중력분) 20g
- 달걀 1개
- 산적꼬치(길이 8~9cm 정도) 2개
- 소금(정제염) 5g
- 참기름 5ml
- 식용유 30ml
- 진간장 10ml
- 흰설탕 5g
- 대파(흰 부분, 4cm 정도) 1토막
- 마늘(중, 깐 것) 1쪽
- 깨소금 5g
- 검은 후춧가루 2g

### 고기양념

- 간장 1/2큰술　· 설탕 1/2큰술
- 다진 대파 1작은술
- 다진 마늘 1/2작은술
- 참기름 1/2작은술
- 깨소금 1/2작은술
- 후춧가루 1/8작은술

---

· **재료 확인하기**
❶ 소고기 우둔살, 표고버섯, 통도라지, 당근, 쪽파, 밀가루, 달걀 등 확인하기

· **사용할 도구 선택하기**
❷ 냄비, 프라이팬, 나무젓가락 등을 선택하여 준비한다.

· **재료 계량하기**
❸ 각각의 재료 분량을 컵과 계량스푼, 저울로 계량하기

· **재료 준비하기**
❹ 소고기는 힘줄과 기름을 제거하고 0.8cm 두께로 썰어 칼등으로 자근자근 두들긴다.
❺ 표고버섯은 잘 불려 1cm 폭으로 길게 썬다.
❻ 통도라지, 당근은 6cm×1cm×0.6cm 크기로 썬다.
❼ 쪽파는 6cm로 썬다.

· **조리하기**
❽ 끓는 소금물에 도라지, 당근을 데쳐 찬물에 헹군다.
❾ 데친 도라지와 당근은 팬에 기름을 두르고 살짝 볶아준다.
❿ 소고기, 표고는 고기양념으로 버무린다.
⓫ 소고기는 팬에 식용유를 두르고 지진 다음 6cm 길이의 막대모양으로 썬다.
⓬ 표고버섯은 팬에 볶는다.
⓭ 산적꼬치에 준비한 재료들을 색스럽게 끼운다.
⓮ 꼬치 끼운 것의 앞뒤에 밀가루를 골고루 묻히고 달걀노른자 푼 것을 씌워 팬에 지져낸다.
⓯ 한 김 식으면 산적꼬치를 뺀다.

· **담아 완성하기**
⓰ 지짐누름적 담을 그릇을 선택한다.
⓱ 지짐누름적을 따뜻하게 담아낸다.

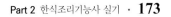

※ **주어진 재료를 사용하여 다음과 같이 지짐누름적을 만드시오.**

가. 각 재료는 0.6×1×6cm로 하시오.

나. 누름적의 수량은 2개를 제출하고, 꼬치는 빼서 제출하시오.

**수험자 유의사항**

가. 각각의 준비된 재료를 조화롭게 끼워서 색을 잘 살릴 수 있도록 지진다.

나. 당근과 통도라지는 기름으로 볶으면서 소금으로 간을 한다.

## 학습평가

| 학습내용 | 평가항목 | 성취수준 | | |
|---|---|---|---|---|
| | | 상 | 중 | 하 |
| 적<br>재료 준비하기 | 조리특성에 맞게 신선하고 적합한 재료를 선택할 수 있다. | ☐ | ☐ | ☐ |
| | 적에 필요량을 맞게 계량할 수 있다. | ☐ | ☐ | ☐ |
| | 적에 맞추어 도구를 준비할 수 있다. | ☐ | ☐ | ☐ |
| | 적의 종류에 맞추어 재료를 전처리하여 준비할 수 있다. | ☐ | ☐ | ☐ |
| 적<br>조리하기 | 밀가루, 달걀 등의 재료를 섞어 반죽물 농도를 맞출 수 있다. | ☐ | ☐ | ☐ |
| | 조리의 종류에 따라 속재료 및 혼합재료 등을 만들 수 있다. | ☐ | ☐ | ☐ |
| | 주재료에 따라 소를 채우거나 꼬치를 활용하여 적의 형태를 만들 수 있다. | ☐ | ☐ | ☐ |
| | 재료와 조리법에 따라 기름의 종류 · 양과 온도를 조절하여 지지거나<br>튀길 수 있다. | ☐ | ☐ | ☐ |
| 적<br>담아 완성하기 | 조리법에 따라 적그릇을 선택할 수 있다. | ☐ | ☐ | ☐ |
| | 적의 조리는 기름을 제거하여 담아낼 수 있다. | ☐ | ☐ | ☐ |
| | 적 조리를 따뜻한 온도, 색, 풍미를 유지하여 담아낼 수 있다. | ☐ | ☐ | ☐ |

## 학습자 완성품 사진

# 03

# 다양한
# 한식조리 실기

# 잣죽

## 재료

- 멥쌀 1컵
- 잣 50g
- 물 5컵
- 소금 1/2작은술

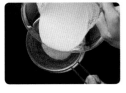

• 재료 확인하기
❶ 쌀, 잣의 품질 확인하기
❷ 쌀, 잣에 섞여 있는 이물질 확인하여 선별하기

• 사용할 도구 선택하기
❸ 냄비, 주걱, 블렌더 등을 선택하여 준비한다.

• 재료 계량하기
❹ 각각의 재료 분량을 컵과 계량스푼, 저울로 계량하기
❺ 물을 계량한다.

• 죽의 재료 세척하기
❻ 쌀은 맑은 물이 나올 때까지 세척한다.

• 죽 재료 불리기
❼ 세척한 쌀은 실온에서 2시간 불린다.

• 조리하기
❽ 불린 쌀은 물 2컵을 넣어 곱게 갈아 고운체에 거르고, 물 2컵을 넣어 섞는다.
❾ 잣은 물 1컵과 블렌더에 갈아 체에 거른다.
❿ 냄비에 멥쌀 간 것을 넣어 나무주걱으로 저으면서 끓이고, 끓어오르면 잣 갈아 놓은 것을 넣어 멍울이 지지 않도록 저으면서 끓인다.
⓫ 소금으로 간을 한다.

• 죽 담아 완성하기
⓬ 잣죽의 그릇을 선택한다.
⓭ 그릇에 보기 좋게 잣죽을 담는다. 잣으로 고명을 한다.

# 호박죽

## 재료

- 늙은 호박 130g
- 물 3컵
- 삶은 팥 1큰술
- 젖은 찹쌀가루 3큰술(방앗간용)
- 물 3큰술
- 설탕 1작은술
- 소금 1/3작은술

• 재료 확인하기
❶ 늙은 호박, 팥, 찹쌀가루 등의 품질 확인하기

• 사용할 도구 선택하기
❷ 냄비, 주걱 등을 선택하여 준비한다.

• 재료 계량하기
❸ 각각의 재료 분량을 컵과 계량스푼, 저울로 계량하기
❹ 물을 계량한다.

• 죽의 재료 준비하기
❺ 호박은 씻으면서 씨를 제거한다.
❻ 호박은 껍질부분이 없도록 완전히 벗겨서 얇게 썬다.
❼ 삶은 팥은 물에 헹궈둔다.

• 양념장 만들기
❼ 분량의 재료를 섞어 조림장 재료를 섞는다.

• 조리하기
❽ 얇게 썬 호박에 물 3컵을 붓고 무르도록 끓여서 체에 거른다.
❾ 찹쌀가루에 물 3큰술을 넣어 잘 풀어둔다.
❿ 삶아서 거른 호박을 냄비에 넣고 끓이다가 찹쌀가루 풀어 놓은 것을 넣어 끓인다. 팥을 넣어 한소끔 더 끓인다.
⓫ 설탕, 소금으로 간을 한다.

• 죽 담아 완성하기
⓬ 호박죽의 그릇을 선택한다.
⓭ 그릇에 보기 좋게 호박죽을 담는다.

# 소고기미역국

## 재료

- 소고기 100g
- 물 5컵
- 마른 미역 30g
- 참기름 2큰술
- 다진 마늘 1/2큰술
- 국간장 1/2큰술
- 소금 1/2작은술
- 후춧가루 약간

• 재료 확인하기
❶ 소고기, 마른 미역, 마늘 등 확인하기

• 사용할 도구 선택하기
❷ 냄비, 나무젓가락 등을 선택하여 준비한다.

• 재료 계량하기
❸ 각각의 재료 분량을 컵과 계량스푼, 저울로 계량하기

• 재료 준비하기
❹ 미역은 찬물에 20분 정도 불린 뒤 물에 헹궈 물기를 짜고 4cm 정도의 폭으로 썬다.
❺ 소고기는 찬물에 담근다.

• 양념장 만들기
❼ 분량의 재료를 섞어 조림장 재료를 섞는다.

• 조리하기
❻ 찬물에 소고기를 넣고 1시간 정도 끓인다.
❼ 소고기는 건져 나박썰기를 하고, 육수는 기름기를 제거한다.
❽ 냄비에 참기름을 두른 뒤 불린 미역을 넣고 고루 볶다가 육수를 붓고 중불에서 끓인다.
❾ 국간장, 소금, 다진 마늘, 후춧가루를 넣고 한소끔 더 끓인다.

• 담아 완성하기
❿ 미역국 담을 그릇을 선택한다.
⓫ 미역국을 따뜻하게 담아낸다.

# 초계탕

## 재료

- 닭 1/2마리(400g)
- 물 7½컵
- 참깨 6큰술
- 물 1½컵
- 전복 50g
- 소금 1작은술
- 오이 50g
- 마른 표고버섯 3장
- 배 70g
- 달걀 1/2개
- 소금 1큰술
- 후춧가루 1/8작은술
- 잣 2작은술

• 재료 확인하기

❶ 닭, 참깨, 전복, 오이, 표고버섯, 달걀, 배 등 확인하기

• 사용할 도구 선택하기

❷ 냄비, 찜기, 프라이팬, 나무젓가락 등을 선택하여 준비한다.

• 재료 계량하기

❸ 각각의 재료 분량을 컵과 계량스푼, 저울로 계량하기

• 재료 준비하기

❹ 닭은 깨끗이 씻어 뼈와 살을 분리한다.
❺ 손질할 닭살은 3~4cm 크기로 넓적하게 편썰기한다. 소금, 후추로 밑간을 한다.
❻ 참깨는 깨끗하게 씻어 조리로 일어 놓는다.
❼ 전복은 소금으로 문질러 깨끗이 씻는다.
❽ 오이, 표고, 배는 4cm×1cm×0.3cm 크기로 썬다.
❾ 닭뼈와 여분의 닭살은 물에 담근다.

• 조리하기

❿ 냄비에 닭뼈와 여분의 닭살, 물 4컵을 넣고 육수를 끓여 3컵을 만든다.
⓫ 편으로 썬 닭살은 전분을 입혀 김이 오른 찜기에 찐다.
⓬ 전복은 편으로 썰어 끓는 물에 살짝 데친다.
⓭ 참깨는 노릇노릇하게 볶고 닭육수 3컵을 넣어 블렌더로 곱게 간 뒤 면포에 걸러 소금, 후추로 간을 하여 찬 육수를 만든다.
⓮ 썬 오이, 표고버섯은 전분을 묻혀 끓는 물에 데쳐둔다.
⓯ 달걀은 황·백으로 지단을 부치고 4cm×1cm×0.3cm 크기로 썬다.

• 담아 완성하기

⓰ 초계탕 담을 그릇을 선택한다.
⓱ 초계탕 담을 그릇에 준비한 닭고기, 전복, 오이, 표고, 배, 황·백지단을 담고 깻국물을 붓고 잣을 띄운다.

# 닭볶음탕

## 재료

- 닭고기 1마리
- 양파 1/2개
- 당근 1/2개
- 감자 1개
- 대파 1/2개

### 삶는 물
- 대파 10g
- 생강 1톨
- 마늘 1톨
- 청주 2큰술
- 물 5컵

### 양념장
- 고춧가루 3큰술
- 고추장 4큰술
- 간장 3큰술
- 청주 2큰술
- 소금 1작은술
- 설탕 1½큰술
- 다진 마늘 2큰술
- 다진 생강 1/2큰술
- 깨소금 1작은술
- 참기름 1작은술
- 후춧가루 약간

• 재료 확인하기
❶ 닭, 양파, 당근, 감자, 대파, 생강, 마늘 등 확인하기

• 사용할 도구 선택하기
❷ 냄비, 프라이팬, 나무젓가락 등을 선택하여 준비한다.

• 재료 계량하기
❸ 각각의 재료 분량을 컵과 계량스푼, 저울로 계량하기

• 재료 준비하기
❹ 닭은 깨끗이 손질한 다음 먹기 좋은 크기로 토막낸다.
❺ 감자, 당근은 큼직하게 썰어 모서리를 다듬는다.
❻ 양파는 2cm 두께로 채 썬다.
❼ 대파는 어슷썬다.

• 조리하기
❽ 분량의 재료를 섞어 찜양념을 만든다.

• 조리하기
❽ 냄비에 물이 끓으면 닭고기를 넣어 데치고 찬물에 헹군다.
❾ 끓는 물에 대파, 생강, 마늘, 청주를 넣고 데친 닭고기를 넣어 30분 정도 끓인다. 대파, 생강, 마늘을 건져낸다. 기름을 걷어낸다.
❿ 분량의 재료를 섞어 양념장을 만든다.
⓫ 30분 정도 삶은 닭고기에 양념장, 손질한 감자, 당근을 넣어 20분 정도 끓인다. 재료가 다 익고 맛이 어우러지면 양파를 넣어 익도록 끓인다.

• 담아 완성하기
⓬ 닭볶음탕 담을 그릇을 선택한다.
⓭ 닭볶음탕을 따뜻하게 담아낸다.

# 육개장

## 재료

- 양 100g
- 곱창 100g
- 굵은소금 5큰술
- 밀가루 2큰술
- 생강 3g
- 대파 400g

## 육수

- 소고기 양지머리 200g
- 소고기 사태 100g
- 대파 20g
- 마늘 5g
- 물 3ℓ

## 고기양념

- 고추장 1½작은술
- 고춧가루 1큰술
- 국간장 1작은술
- 생강즙 1작은술
- 다진 대파 1큰술
- 다진 마늘 1큰술
- 후춧가루 1/4작은술
- 참기름 1작은술

• 재료 확인하기
❶ 양, 곱창, 생강, 대파, 양지머리 등 확인하기

• 사용할 도구 선택하기
❷ 냄비, 프라이팬, 나무젓가락 등을 선택하여 준비한다.

• 재료 계량하기
❸ 각각의 재료 분량을 컵과 계량스푼, 저울로 계량하기

• 재료 준비하기
❹ 양지머리, 사태는 찬물에 담가 핏물을 뺀다.
❺ 양은 굵은소금 1큰술로 문질러 씻은 후 끓는 물을 부어 칼로 검은 껍질을 벗겨내고 안쪽에 덮여 있는 얇은 막과 기름기를 제거하고 깨끗이 씻는다. 밀가루 1큰술을 넣어 조물조물 주물러 씻는다.
❻ 곱창은 굵은소금 1큰술과 밀가루 1큰술을 뿌리고 주물러 헹군 후 물에 깨끗이 씻고 기름기를 뜯어낸다.
❼ 대파는 7cm 정도로 썬다. 굵은소금으로 조물조물 주물러 씻는다.

• 조리하기
❽ 냄비에 물을 붓고 끓으면 양지머리와 사태를 넣어 1시간 정도 끓인다. 대파, 마늘을 함께 끓인다. 육수의 기름기를 걷어낸다.
❾ 냄비에 양, 곱창을 함께 끓이면서 어느 정도 익었을 때 생강을 넣고 푹 삶아 어슷어슷 얄팍하게 썬다.
❿ 익은 양지머리, 사태는 썰어서 고추장, 고춧가루, 국간장, 생강즙, 대파, 마늘, 후춧가루, 참기름을 넣어 간을 한다.
⓫ 고기육수에 파를 넣고 한소끔 끓인 후 양념한 고기, 양, 곱창을 넣고 얼큰한 맛이 어우러질 때까지 끓인다.
✽ 육개장에 달걀로 먹기 직전 줄알을 쳐서 먹어도 맛이 좋아진다.

• 담아 완성하기
⓬ 육개장 담을 그릇을 선택한다.
⓭ 육개장을 따뜻하게 담아낸다.

# 추어탕

## 재료

- 미꾸라지 200g
- 굵은소금 4큰술
- 물 10컵
- 얼갈이배추 200g
- 대파 100g
- 국간장 1큰술
- 된장 3큰술
- 고추장 1작은술
- 소금 약간
- 다진 마늘 적량
- 다진 붉은 고추 적량
- 다진 풋고추 적량

### 소금물
- 물 3컵
- 소금 1작은술

• 재료 확인하기
❶ 미꾸라지, 굵은소금, 얼갈이배추, 대파, 국간장 등 확인하기

• 사용할 도구 선택하기
❷ 냄비, 나무젓가락 등을 선택하여 준비한다.

• 재료 계량하기
❸ 각각의 재료 분량을 컵과 계량스푼, 저울로 계량하기

• 재료 준비하기
❹ 미꾸라지는 소금을 뿌려 잠시 두었다가 해감을 한 다음 깨끗이 씻는다.
❺ 얼갈이배추는 손질하여 5cm 길이로 썬다.
❻ 대파는 손질하여 5cm 길이로 썬다.

• 조리하기
❼ 얼갈이배추는 끓는 소금물에 데쳐 찬물에 헹군다.
❽ 냄비에 미꾸라지를 담고 물 10컵을 붓고 끓인다. 푹 삶아 끓여 블렌더에 곱게 갈아 체에 내린다.
❾ 미꾸라지 육수에 국간장, 된장, 고추장을 풀고, 얼갈이배추, 대파를 넣어 끓인다. 소금으로 간을 한다.

• 담아 완성하기
❿ 추어탕 담을 그릇을 선택한다.
⓫ 추어탕을 따뜻하게 담아낸다. 마늘, 고추를 곁들여 낸다.
✽ 지역에 따라 산초가루를 곁들이기도 한다.

# 신선로

## 재료

- 소고기 사태 또는 양지머리 150g
- 양 150g · 무 100g · 당근 50g
- 소고기 우둔살 100g · 다진 소고기 50g
- 두부 30g · 석이버섯 5장 · 달걀 4개
- 미나리 50g · 전용 흰살 생선 50g
- 천엽 50g · 마른 표고(大) 2장
- 붉은 고추 1/2개 · 호두 3개 · 은행 12개
- 잣 1작은술 · 소금 적당량
- 후춧가루 적당량 · 국간장 적당량
- 식용유 적당량 · 밀가루 적당량

### 고기양념

- 국간장 1큰술 · 다진 대파 2작은술
- 다진 마늘 1작은술 · 참기름 1작은술
- 후춧가루 1/8작은술

### 완자양념

- 소금 1/2작은술 · 다진 대파 1작은술
- 다진 마늘 1/2작은술 · 참기름 1/2작은술
- 후춧가루 1/8작은술

- **재료 확인하기**

❶ 소고기 사태, 양, 무, 당근, 소 우둔살, 다진 소고기, 두부, 석이버섯, 달걀, 미나리, 전용 흰살 생선, 천엽, 표고버섯, 호두, 은행, 잣 등 확인하기

- **사용할 도구 선택하기**

❷ 신선로, 냄비, 프라이팬, 나무젓가락 등을 선택하여 준비한다.

- **재료 계량하기**

❸ 각각의 재료 분량을 컵과 계량스푼, 저울로 계량하기

- **재료 준비하기**

❹ 소고기 사태는 찬물에 담근다.
❺ 양, 천엽은 밀가루로 조물조물 주물러 씻는다.
❻ 소고기 우둔살을 얇게 썬다.
❼ 다진 소고기 핏물을 제거한다.
❽ 두부는 물기를 제거하고 으깬다.
❾ 석이버섯, 표고버섯은 미지근한 물에 불린다.
❿ 석이버섯은 돌에 붙었던 안쪽의 이끼를 깨끗하게 긁어낸 뒤 소금으로 조물조물 주물러 물에 씻어서 물기를 제거하여 곱게 다진다.
⓫ 표고버섯은 포를 뜨고 신선로 크기로 골패썰기를 한다.
⓬ 미나리는 잎을 제거하고 깨끗이 씻어 꼬치에 꿰어 네모지게 만든다.
⓭ 전용 흰살 생선은 소금, 후추로 간을 한다.
⓮ 붉은 고추는 씨를 제거하고 신선로 크기에 맞게 썬다.
⓯ 무, 당근은 껍질을 벗긴다. 신선로 크기에 맞게 썬다.
⓰ 호두는 따뜻한 물에 불려 속껍질을 벗긴다.
⓱ 잣은 고깔을 떼고 면포에 닦는다.

- **조리하기**

⓲ 양, 천엽은 80~90℃ 물에 잠깐 넣었다가 건져낸 다음 검은 막을 칼로 긁어 깨끗이 손질한다.
⓳ 냄비 두 곳에 물을 넉넉히 끓여 사태와 양을 각각 삶는다. 사태 끓이는 육수에 무를 넣어 익혀 건진다. 삶아 건진 소고기 사태는 납작하게 썬다. 소고기 우둔살과 고기양념으로 고루 무친다.
⓴ 끓는 소금물에 당근을 데쳐 식힌다.
㉑ 다진 소고기와 두부는 합하여 완자양념으로 고루 주물러 버무리고, 지름 1.2cm의 완자로 빚는다.
㉒ 달걀 3개를 황백으로 나누어 소금간을 하여 잘 푼 뒤 체에 내린다. 흰자는 반으로 나누어 석이지단과 흰 지단을 부친다. 노른자로 황색지단을 부친다.
㉓ 꼬치에 꿴 미나리는 밀가루를 양면에 고루 묻히고 풀어 놓은 달걀에 담갔다가 팬에 누르면서 지진다.
㉔ 완자, 흰살 생선, 천엽은 밀가루, 달걀을 입혀 달구어진 팬에 식용유를 두르고 지진다.
㉕ 은행은 뜨겁게 달궈진 팬에 식용유를 약간 두르고 소금으로 간을 하여 볶은 다음 바로 속껍질을 벗긴다.
㉖ 준비한 지단, 미나리초대, 생선전, 천엽전은 신선로 틀의 폭을 길이로 하고 너비를 3cm 크기로 하여 골패 모양으로 썬다.
㉗ 잘 삶아진 양은 신선로 크기에 맞추어 결 반대로 썬다.
㉘ 육수에 국간장, 소금으로 간을 한다.

- **담아 완성하기**

㉙ 신선로를 준비하여 틀 바닥에 무, 고기 양념한 것을 고르게 깐다. 그 위에 골패 모양으로 썬 재료들을 신선로 크기에 맞추어 다시 손질하며 색 맞추어 고르게 돌려 담는다. 맨 위에 호두, 완자, 은행을 고명으로 얹는다.
㉚ 육수를 데워서 붓는다. 가운데 화통에 숯을 피워 끓는 상태로 상에 낸다.

# 두부전골

## 재료

- 두부 200g
- 소고기 우둔 30g
- 소고기 사태 20g
- 무(길이로 5cm 이상) 60g
- 당근(길이로 5cm 이상) 60g
- 실파 40g
- 숙주 50g
- 마른 표고버섯 불린 것 2개
- 달걀 2개
- 깐 마늘 10g
- 대파(흰 부분, 5cm) 20g
- 진간장 20ml
- 소금 5g
- 참기름 5ml
- 식용유 20ml
- 밀가루 20g
- 녹말가루 20g
- 후춧가루 2g
- 깨소금 5g
- 키친타월(종이) 1장

### • 재료 확인하기
❶ 두부, 소고기 우둔, 소고기 사태, 무, 당근, 실파, 숙주, 표고버섯, 달걀, 마늘, 대파 등 확인하기

### • 사용할 도구 선택하기
❷ 전골냄비, 냄비, 프라이팬, 나무젓가락 등을 선택하여 준비한다.

### • 재료 계량하기
❸ 각각의 재료 분량을 컵과 계량스푼, 저울로 계량하기

### • 재료 준비하기
❹ 대파, 마늘은 곱게 다진다.
❺ 두부는 3cm×4cm×0.8cm 크기로 7개를 썰어 소금, 후추를 뿌려 간을 한다. 남은 두부는 물기를 제거하고 곱게 으깬다.
❻ 소고기 우둔은 핏물을 제거하고 곱게 다진다.
❼ 소고기 사태는 찬물에 담근다.
❽ 무와 당근은 껍질을 벗기고, 5cm×1.2cm×0.5cm 크기로 썬다.
❾ 실파는 5cm 길이로 썬다.
❿ 숙주는 머리와 꼬리를 다듬어 씻는다.
⓫ 불린 표고는 채를 썬다.

### • 조리하기
⓬ 냄비에 소고기 사태, 대파, 마늘을 넣어 육수를 끓인다. 잘 익은 사태는 건져서 편으로 썬다. 육수는 면포에 거르고 간장, 소금으로 간을 한다.
⓭ 두부는 물기를 제거하고 녹말가루를 고루 묻혀 팬에 지진다.
⓮ 끓는 소금물에 숙주, 무, 당근을 데친다.
⓯ 데친 숙주는 참기름, 깨소금, 소금, 다진 마늘을 넣어 양념을 한다.
⓰ 간장, 참기름, 깨소금, 다진 대파, 다진 마늘, 후춧가루를 섞어 고기양념을 만든다. 삶아 썬 사태와 표고버섯은 각각 고기양념으로 버무린다.
⓱ 달걀은 황백으로 부치고 5cm×1.2cm 크기로 썬다.
⓲ 다진 소고기는 으깬 두부와 합하여 소금, 다진 대파, 다진 마늘, 참기름, 깨소금, 후춧가루로 버무려 지름 1.5cm 크기로 5개의 완자를 만든다. 밀가루, 달걀을 입혀 달구어진 팬에 식용유를 두르고 지진다.

### • 담아 완성하기
⓳ 전골냄비에 준비한 재료를 색 맞추어 돌려 담고 가운데 두부를 돌려 담는다. 완자를 중앙에 얹는다.
⓴ 육수를 부어 끓인다.

# 소고기전골

## 재료

- 소고기 우둔 70g
- 소고기 사태 30g
- 마른 표고 불린 것 3장
- 숙주 50g
- 무(길이 5cm 정도) 60g
- 당근(길이 5cm 정도) 40g
- 양파(150g, 중간 정도) 1/4개
- 실파 40g(2뿌리)
- 달걀 1개
- 잣 10알
- 대파(흰 부분, 4cm) 20g
- 깐 마늘 10g
- 진간장 10ml
- 흰 설탕 5g
- 깨소금 5g
- 참기름 5ml
- 소금 10g
- 후춧가루 1g

• 재료 확인하기

❶ 소고기 우둔, 소고기 사태, 표고버섯, 숙주, 무, 당근, 양파, 실파, 달걀, 잣 등 확인하기

• 사용할 도구 선택하기

❷ 전골냄비, 냄비, 프라이팬, 나무젓가락 등을 선택하여 준비한다.

• 재료 계량하기

❸ 각각의 재료 분량을 컵과 계량스푼, 저울로 계량하기

• 재료 준비하기

❹ 대파, 마늘은 곱게 다진다.
❺ 소고기 사태를 찬물에 담근다.
❻ 소고기 우둔은 0.5cm×0.5cm×5cm 크기로 썬다.
❼ 불린 표고버섯은 곱게 채를 썬다.
❽ 숙주는 거두절미한다.
❾ 무, 당근은 껍질을 벗기고 0.5cm×0.5cm×5cm 크기로 썬다.
❿ 양파는 0.5cm 폭으로 채를 썬다.
⓫ 실파는 5cm 길이로 썬다.
⓬ 잣은 고깔을 떼고, 면포로 닦는다.

• 조리하기

⓭ 냄비에 사태, 대파, 마늘을 넣어 끓인다. 사태는 무르게 익으면 건져 편으로 썰고, 육수는 면포에 걸러 간장, 소금으로 간을 한다.
⓮ 간장, 다진 대파, 다진 마늘, 참기름, 깨소금, 후춧가루를 섞어 고기 양념을 만든다.
⓯ 채 썬 소고기, 표고버섯을 고기양념으로 버무린다.
⓰ 끓는 소금물에 숙주, 무, 당근을 데친다.
⓱ 데친 숙주는 참기름, 깨소금, 소금, 다진 마늘을 넣어 양념을 한다.

• 담아 완성하기

⓲ 전골냄비에 준비한 재료를 색스럽게 돌려 담는다.
⓳ 육수를 부어 끓인다. 달걀을 올려 반숙이 되게 끓여 잣을 얹는다.

# 무나물

## 재료

- 무 300g
- 물 2/3컵
- 식용유 1큰술

**양념장**
- 다진 대파 2작은술
- 다진 마늘 1작은술
- 깨소금 1작은술
- 참기름 1작은술
- 소금 1작은술

- **재료 확인하기**
❶ 무, 물, 식용유, 대파, 마늘, 참기름, 소금을 확인하기

- **사용할 도구 선택하기**
❷ 프라이팬, 나무젓가락 등을 선택하여 준비한다.

- **재료 계량하기**
❸ 각각의 재료 분량을 컵과 계량스푼, 저울로 계량하기

- **재료 준비하기**
❹ 무는 껍질을 벗겨 6cm×0.4cm×0.4cm 정도로 채를 썬다.

- **조리하기**
❺ 냄비에 채 썬 무와 물, 식용유를 넣어 10분 정도 익힌다.
❻ 무가 익으면 다진 대파, 다진 마늘, 깨소금, 참기름, 소금을 넣어 고루 볶아 버무린다.

- **담아 완성하기**
❼ 무나물 담을 그릇을 선택한다.
❽ 그릇에 무나물을 담는다.

# 대하잣즙채

## 재료

- 대하 4마리
- 소고기 사태 80g
- 오이 100g
- 죽순 50g
- 식용유 1큰술
- 소금 1작은술

### 대하 삶을 재료

- 물 2컵
- 마늘 10g
- 생강 5g
- 대파 20g
- 레몬 20g
- 양파 20g
- 셀러리 10g
- 통후추 5알
- 청주 1작은술

### 소고기 삶을 재료

- 물 1컵
- 대파 10g
- 마늘 5g
- 양파 5g
- 생강 3g

### 잣즙

- 잣가루 4큰술
- 새우국물 3큰술
- 소금 1작은술
- 설탕 1작은술
- 청주 1작은술
- 후춧가루 1/5작은술
- 참기름 2작은술

---

**• 재료 확인하기**

❶ 대하, 마늘, 생강, 대파, 레몬, 양파, 셀러리, 통후추, 소고기 사태, 오이, 죽순, 식용유 등 확인하기

**• 사용할 도구 선택하기**

❷ 프라이팬, 나무젓가락 등을 선택하여 준비한다.

**• 재료 계량하기**

❸ 각각의 재료 분량을 컵과 계량스푼, 저울로 계량하기

**• 재료 준비하기**

❹ 대하는 내장을 제거하고 깨끗이 씻는다.

❺ 소고기 사태는 찬물에 담근다.

❻ 오이는 소금으로 문질러 씻고 반으로 갈라 어슷썰기를 한 후 소금에 살짝 절인다.

❼ 죽순은 빗살모양을 살려 4cm×0.2cm 크기로 썬다.

**• 양념장 만들기**

❽ 분량의 재료를 잘 섞어 잣즙을 만든다..

**• 조리하기**

❾ 냄비에 물, 마늘, 생강, 대파, 레몬, 셀러리, 양파, 통후추, 청주, 손질한 대하를 넣어 삶는다. 껍질을 벗긴 다음 편으로 썬다.

❿ 냄비에 물, 마늘, 생강, 대파, 양파를 넣어 끓으면 소고기 사태를 넣고 삶아서 납작납작하게 썬다.

⓫ 절인 오이는 물기를 짜서 팬에 식용유를 두르고 새파랗게 볶는다.

⓬ 죽순은 끓는 물에 살짝 데쳐서 찬물에 헹군다. 달구어진 팬에 식용유를 두르고 소금으로 간을 하여 살짝 볶는다.

⓭ 준비한 재료에 잣즙을 섞어서 살살 버무린다.

**• 담아 완성하기**

⓮ 대하잣즙채 담을 그릇을 선택한다.

⓯ 그릇에 대하잣즙채를 보기 좋게 담는다.

# 어채

## 재료

- 흰살 생선(민어) 200g
- 소금 1작은술
- 흰 후춧가루 약간
- 생강즙 1/4작은술
- 오이 1/2개
- 붉은 고추 1/2개
- 불린 표고버섯 2장
- 마른 석이버섯 2장
- 달걀 1개
- 녹말가루 3큰술
- 소금 약간

### 초고추장

- 고추장 2큰술
- 식초 1큰술
- 설탕 1작은술
- 마늘즙 1작은술
- 잣가루 1작은술

• 재료 확인하기
❶ 흰살 생선, 소금, 후춧가루, 생강즙, 오이, 붉은 고추, 표고버섯, 석이버섯, 달걀, 녹말가루 등을 확인한다.

• 사용할 도구 선택하기
❷ 프라이팬, 냄비, 나무젓가락 등을 선택하여 준비한다.

• 재료 계량하기
❸ 각각의 재료 분량을 컵과 계량스푼, 저울로 계량하기

• 재료 준비하기
❹ 민어는 지느러미를 제거하고 비늘을 긁고 내장을 빼낸다. 살만 두 장으로 넓게 떠서 껍질을 벗기고 한입 크기로 저민다. 소금, 후추로 간을 한다.
❺ 오이와 붉은 고추를 3cm×2cm 크기로 썬다.
❻ 표고버섯과 석이버섯을 불려서 손질한 다음 3cm×2cm 크기로 썬다.
❼ 잣은 고깔을 떼고 면포로 닦아 다진다.

• 조리하기
❽ 달걀을 황·백으로 나누어 지단을 부친 다음 3cm×2cm 길이로 썬다.
❾ 냄비에 물을 넉넉히 붓고 끓인다. 준비한 채소에 녹말가루를 고루 묻혀서 데친다. 생선도 마찬가지로 데친 다음 찬물에 재빨리 헹군다.
❿ 잣가루를 빼고 모든 재료를 섞어 초고추장을 만든다.

• 담아 완성하기
⓫ 어채 담을 그릇을 선택한다.
⓬ 그릇에 어채를 담는다. 초고추장에 잣가루를 고명으로 얹어 어채에 곁들인다.

# 소갈비구이

## 재료

- 소갈비 1kg

**양념장**
- 간장 4큰술
- 설탕 2큰술
- 다진 대파 3큰술
- 다진 마늘 1½큰술
- 깨소금 1½큰술
- 참기름 1½큰술
- 후춧가루 약간
- 배즙 4큰술

• 재료 확인하기
❶ 소갈비, 간장, 설탕, 대파, 마늘, 깨소금 등 확인하기

• 사용할 도구 선택하기
❷ 프라이팬 또는 석쇠, 나무젓가락 등을 선택하여 준비한다.

• 재료 계량하기
❸ 각각의 재료 분량을 컵과 계량스푼, 저울로 계량하기

• 재료 준비하기
❹ 갈비를 6~7cm 길이로 토막낸다.
❺ 갈비뼈의 한편으로 칼을 넣어 고기를 얇게 저며 편 뒤 약 0.7cm 너비로 칼집을 넣는다.

• 양념장 만들기
❻ 재료를 모두 섞어 양념장을 만든다.

• 조리하기
❼ 양념장에 손질한 갈비에 적시듯이 고르게 무쳐 양념이 잘 들게 잰다.
❽ 석쇠를 뜨겁게 달구어 갈비를 올리고 한 면이 거의 익었을 때 뒤집어 나머지 한 면을 굽는다. 이때 갈비를 쟀던 양념장을 바르면서 구워 윤이 나도록 하고 뼈에 힘줄이 오그라들게 하여 떼어 먹기 좋게 한다.

• 담아 완성하기
❾ 소갈비구이 담을 그릇을 선택한다.
❿ 소갈비구이를 따뜻하게 담아낸다.

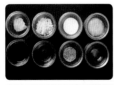

# 북어보푸라기

## 재료

- 북어포 40g 1마리
- 소금 1작은술
- 진간장 1작은술
- 설탕 1큰술
- 참기름 1큰술
- 참깨 1큰술
- 고운 고춧가루 1작은술

• 재료 확인하기

❶ 북어포, 소금, 간장, 설탕, 참기름, 참깨, 고운 고춧가루 확인하기

• 사용할 도구 선택하기

❷ 숟가락, 강판, 믹싱볼 등을 선택하여 준비한다.

• 재료 준비하기

❸ 북어는 대가리와 지느러미를 떼고 잔가시를 발라낸다.

❹ 숟가락이나 강판을 이용해 살을 살살 긁어서 곱게 만든다.

• 양념장 만들기

❺ 3가지의 양념장을 만든다.

① 간장양념 : 간장 1작은술, 설탕 1작은술, 참깨 1작은술, 참기름 1작
은술

② 소금양념 : 소금 1/2작은술, 설탕 1작은술, 참깨 1작은술, 참기름
1작은술

③ 고춧가루양념 : 소금 1/2작은술, 설탕 1작은술, 참깨 1작은술, 참
기름 1작은술, 고운고춧가루 1작은술

• 조리하기

❻ 손질 된 북어를 3등분하여 만들어 놓은 양념장으로 각각 버무린다.

• 담아 완성하기

❼ 북어보푸라기 담을 그릇을 선택한다.

❽ 북어보푸라기를 보기 좋게 담는다.

# 콩조림

## 재료

- 흑태 1/2컵

**조림장**
- 간장 3큰술
- 설탕 2큰술
- 양파 10g
- 마른 고추 1개
- 깐 생강 5g
- 마늘 10g
- 참깨 1작은술

• 재료 확인하기
❶ 흑태, 간장, 설탕, 양파, 마른 고추, 생강 등 확인하기

• 사용할 도구 선택하기
❷ 냄비, 나무젓가락 등을 선택하여 준비한다.

• 재료 계량하기
❸ 각각의 재료 분량을 컵과 계량스푼, 저울로 계량하기

• 재료 준비하기
❹ 흑태는 벌레 먹은 것이 없도록 가려내어 6시간 정도 물에 불린다.
❺ 마른 고추는 어슷썰기하여 씨를 뺀다.
❻ 생강, 마늘은 편으로 썬다.

• 양념장 만들기
❼ 분량의 재료를 섞어 조림장 재료를 섞는다.

• 조리하기
❽ 불린 콩을 냄비에 담고 물 1½을 넣어 10분 정도 끓인다.
❾ 조림장, 삶은 콩물 1컵, 삶은 흑태를 넣어 국물이 없어질 때까지 조린다.
❿ 양파, 마른 고추, 생강, 마늘은 건져내고 참깨를 넣어 버무린다.

• 담아 완성하기
⓫ 콩조림 담을 그릇을 선택한다.
⓬ 콩조림을 보기 좋게 담는다.

# 돼지고기장조림

## 재료

- 돼지고기 안심 300g
- 마늘 30g
- 마른 고추 2개

**삶는 물**
- 물 3컵
- 파 10g
- 마늘 20g
- 생강 10g
- 통후추 5g

**양념장**
- 간장 5½큰술
- 설탕 2큰술
- 청주 4큰술

- 재료 확인하기
❶ 돼지고기, 마늘, 마른 고추, 파, 마늘, 생강 등 확인하기

- 사용할 도구 선택하기
❷ 냄비, 프라이팬, 나무젓가락 등을 선택하여 준비한다.

- 재료 계량하기
❸ 각각의 재료 분량을 컵과 계량스푼, 저울로 계량하기

- 재료 준비하기
❹ 돼지고기는 찬물에 담가 핏물을 제거한다.
❺ 마늘은 꼭지를 제거하고 편으로 썬다.
❻ 마른 고추는 깨끗이 닦아 어슷하게 썬다.

- 양념장 만들기
❼ 분량의 재료를 섞어 양념장을 만든다.

- 조리하기
❽ 냄비에 물을 끓여 돼지고기와 파, 마늘, 생강, 통후추를 넣고 30~40분 정도 삶는다.
❾ 분량의 양념장을 넣어 조린다.
❿ 돼지고기는 식혀 결대로 찢어 놓는다.

- 담아 완성하기
⓫ 돼지고기장조림 담을 그릇을 선택한다.
⓬ 돼지고기와 마늘을 보기 좋게 담고 국물을 함께 담아낸다.

# 전복초

## 재료

- 전복(중) 3개(400g)
- 소고기 50g
- 마늘 2톨
- 잣가루 1작은술
- 참기름 1작은술

**삶는 물**
- 물 1컵
- 소금 1/4작은술

**양념장**
- 간장 1큰술
- 설탕 1큰술
- 전복 삶은 물 1/2컵
- 후춧가루 약간

**녹말물**
- 녹말가루 1큰술
- 물 1큰술

• 재료 확인하기
❶ 전복, 소고기, 마늘, 잣가루, 참기름, 소금, 간장, 설탕 등 확인하기

• 사용할 도구 선택하기
❷ 냄비, 프라이팬, 나무젓가락 등을 선택하여 준비한다.

• 재료 계량하기
❸ 각각의 재료 분량을 컵과 계량스푼, 저울로 계량하기

• 재료 준비하기
❹ 전복은 껍질째 솔로 문질러 씻고 살 겉쪽의 검은색 막은 소금으로 문질러 씻어낸다.
❺ 소고기는 납작납작하게 썬다.
❻ 마늘은 편으로 썬다.

• 양념장 만들기
❼ 냄비에 분량의 재료를 섞어 양념장을 만든다.

• 조리하기
❽ 전복은 소금물에 살짝 삶아서 얇게 저민다.
❾ 양념장이 끓어오르면 소고기를 넣어 살짝 익히고 전복과 마늘을 넣어 약한 불에서 서서히 조린다. 중간에 양념장을 끼얹어주며 조린다.
❿ 국물이 3큰술 정도 남으면 녹말물을 넣어 섞고, 참기름을 넣어 윤기를 낸다.

• 담아 완성하기
⓫ 전복초 담을 그릇을 선택한다.
⓬ 전복초를 그릇에 담아낸다. 잣가루를 뿌린다.

# 미역자반

- 마른 미역 30g
- 식용유 2큰술
- 설탕 2큰술
- 물엿 1작은술
- 물 2큰술
- 참깨 1작은술

• 재료 확인하기
❶ 마른 미역, 식용유, 설탕, 물엿, 참깨 등 확인하기

• 사용할 도구 선택하기
❷ 냄비, 프라이팬, 나무젓가락 등을 선택하여 준비한다.

• 재료 계량하기
❸ 각각의 재료 분량을 컵과 계량스푼, 저울로 계량하기

• 재료 준비하기
❹ 마른 미역은 2~3cm 길이로 자른 다음 잘게 손질한다.

• 조리하기
❺ 팬에 식용유를 둘러 미역이 파르스름한 색이 나도록 잘 볶고, 체에
  받쳐 기름을 뺀다.
❻ 설탕, 물엿, 물을 끓여 설탕이 녹으면 미역을 넣고 재빠르게 섞는다.
❼ 볶은 미역을 고르게 펴서 식힌다.
❽ 통깨를 넣어 고루 버무린다.

• 담아 완성하기
❾ 미역자반 담을 그릇을 선택한다.
❿ 미역자반을 담아낸다.

# 잔멸치볶음

## 재료

- 잔멸치 100g
- 꽈리고추 80g
- 마늘 10g
- 식용유 2큰술
- 호두 15g
- 해바라기씨 15g
- 호박씨 15g
- 참기름 1/2작은술
- 참깨 1작은술

### 소금물
- 소금 1/3작은술
- 물 1컵

### 양념장
- 간장 작은술
- 설탕 3큰술
- 청주 1큰술
- 통깨 1/2작은술
- 참기름 1작은술

• 재료 확인하기
❶ 잔멸치, 꽈리고추, 마늘, 식용유, 호두, 해바라기씨, 호박씨, 참기름 등 확인하기

• 사용할 도구 선택하기
❷ 냄비, 프라이팬, 나무젓가락 등을 선택하여 준비한다.

• 재료 계량하기
❸ 각각의 재료 분량을 컵과 계량스푼, 저울로 계량하기

• 재료 준비하기
❹ 잔멸는 체에 밭쳐 잔가루와 불순물을 제거한다.
❺ 꽈리고추는 반으로 자른다.
❻ 마늘은 편으로 썬다.

• 양념장 만들기
❼ 분량의 재료를 섞어 양념장을 만든다.

• 조리하기
❽ 끓는 소금물에 꽈리고추를 데친다.
❾ 달군 팬에 기름을 두르고 마늘을 볶는다. 노릇하게 색이 나면 꺼내고, 꽈리고추를 넣어 볶는다. 꽈리고추를 꺼내고 잔멸치가 노릇노릇 해질 때까지 볶는다.
❿ 다른 팬에 호두, 해바라기씨, 호박씨를 볶는다.
⓫ 양념과 준비된 모든 재료를 넣어 재빨리 볶는다.

• 담아 완성하기
⓬ 잔멸치볶음 담을 그릇을 선택한다.
⓭ 잔멸치볶음을 담아낸다.

# 오징어채볶음

## 재료

- 오징어채 200g

### 양념
- 고추장 2큰술
- 물엿 4큰술
- 간장 2큰술
- 맛술 4큰술
- 마요네즈 3큰술
- 설탕 2작은술
- 다진 마늘 1큰술
- 고운 고춧가루 2작은술
- 통깨 1/2작은술

- 재료 확인하기
❶ 오징어채, 고추장, 물엿, 간장, 맛술, 마요네즈 등 확인하기

- 사용할 도구 선택하기
❷ 냄비, 프라이팬, 나무젓가락 등을 선택하여 준비한다.

- 재료 계량하기
❸ 각각의 재료 분량을 컵과 계량스푼, 저울로 계량하기

- 재료 준비하기
❹ 오징어채는 끓는 물에 살짝 데쳐서 넓은 그릇에 식힌다.

- 양념장 만들기
❺ 팬에 분량의 재료를 섞어 양념장을 만들어 끓여 식힌다.

- 조리하기
❻ 양념장에 오징어채를 무쳐낸다.

- 담아 완성하기
❼ 오징어채볶음 담을 그릇을 선택한다.
❽ 오징어채볶음을 담아낸다.

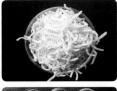
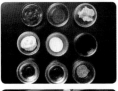

# 쟁반막국수

**재료**

- 마른 메밀국수 100g
- 오이 70g
- 동치미김칫국 1½컵
- 배추김치 70g
- 깨소금 2작은술
- 고춧가루 1작은술
- 달걀 1개

**풋고추양념장**
- 간장 1작은술
- 참기름 1작은술
- 풋고추 1개

• 재료 확인하기
❶ 메밀국수, 오이, 동치미국물, 배추김치 등의 품질 확인하기

• 사용할 도구 선택하기
❷ 냄비, 프라이팬, 나무젓가락 등을 선택하여 준비한다.

• 재료 계량하기
❸ 각각의 재료 분량을 컵과 계량스푼, 저울로 계량하기

• 재료 준비하기
❹ 오이는 0.3cm×0.3cm×5cm로 채를 썬다.
❺ 배추김치는 속을 털어내고 송송썬다
❻ 풋고추는 씨를 제거하고 송송썬다.

• 조리하기
❼ 달걀은 삶아 반으로 가른다.
❽ 메밀국수는 물을 넉넉히 넣고 삶아 찬물에 헹궈 1인분 사리를 만든다.
❾ 동치미국물에 배추김치 썬 것, 깨소금, 고춧가루를 넣어 국물을 만든다.
❿ 다진 풋고추, 간장, 참기름을 버무려 풋고추양념을 만든다.

• 담아 완성하기
⓫ 메밀막국수의 그릇을 선택한다.
⓬ 그릇에 보기 좋게 메밀막국수를 담고, 오이, 달걀을 올리고 국물을 살며시 붓는다. 풋고추양념을 곁들인다.

# 어만두

## 재료

- 흰살 생선(동태 1/2마리) 150g
- 소고기 우둔 50g
- 마른 표고버섯 1장
- 마른 목이버섯 2장
- 숙주 30g • 오이 30g
- 소금 1/4작은술
- 녹말가루 5큰술
- 식용유 적당량

### 생선양념
- 소금 1/4작은술 • 후춧가루 약간

### 곁들이 채소
- 오이(4cm) 50g • 석이버섯 3장
- 붉은 고추(4cm) 1/2개
- 마른 표고버섯 1장

### 고기양념
- 간장 1작은술 • 설탕 1/2작은술
- 참깨 1/4작은술 • 후춧가루 약간
- 참기름 1/3작은술
- 다진 대파 1/2작은술
- 다진 마늘 1/4작은술

### 삶는 물
- 소금 1/2작은술 • 물 1컵

### 초간장
- 간장 1큰술 • 식초 1큰술
- 설탕 1/2큰술 • 물 1큰술

### 겨자즙
- 겨자 갠 것 1큰술 • 설탕 1/2큰술
- 식초 1큰술 • 간장 1/2작은술
- 소금 1/6작은술

## • 재료 확인하기
❶ 흰살 생선, 소고기 우둔, 마른 표고버섯, 마른 목이버섯, 숙주, 오이, 붉은 고추, 대파, 마늘 등의 품질 확인하기

## • 사용할 도구 선택하기
❷ 냄비, 프라이팬, 나무젓가락 등을 선택하여 준비한다.

## • 재료 계량하기
❸ 각각의 재료 분량을 컵과 계량스푼, 저울로 계량하기

## • 재료 준비하기
❹ 흰살 생선은 내장과 뼈를 제거하고 7cm 정도의 얇은 포를 뜬 다음 소금, 후추로 간을 한다.
❺ 소고기는 곱게 다져 핏물을 제거한다.
❻ 마른 표고버섯은 미지근한 물에 불려 곱게 채를 썬다.
❼ 마른 목이버섯은 미지근한 물에 불려 곱게 채를 썬다.
❽ 숙주는 깨끗하게 씻는다.
❾ 오이는 4cm 길이로 돌려깎아 채를 썰고 소금으로 절인다.
❿ 곁들이는 마른 표고버섯, 마른 석이버섯은 물에 불린다.
⓫ 오이, 붉은 고추, 표고버섯, 석이버섯은 4cm×2cm×0.3cm 크기로 골패형 썰기를 한다.

## • 조리하기
⓬ 소고기, 표고버섯, 목이버섯은 각각 고기양념으로 버무려 각각 팬에 볶아 식힌다.
⓭ 숙주는 끓는 소금물에 데쳐서 송송 썰고 물기를 꼭 짠다.
⓮ 절여진 오이는 물기를 짜고 팬에 볶아 식힌다.
⓯ 소고기, 표고버섯, 목이버섯, 숙주, 오이를 한데 모아 버무려 만두소를 만든다.
⓰ 생선포에 물기를 제거하고 녹말가루를 묻혀서 준비된 소를 올리고 동그랗게 싼 다음 겉에 녹말가루를 묻혀서 꼭꼭 쥐어 김이 오른 찜기에 10분간 찐다.
⓱ 골패형으로 썬 곁들이 채소는 녹말가루를 묻혀 끓는 물에 데쳐낸 다음 바로 찬물에 헹구어 물기를 없앤다.
⓲ 간장, 식초, 설탕, 물을 섞어 초간장을 만든다.
⓳ 겨자 갠 것, 설탕, 식초, 간장, 소금을 섞어 겨자즙을 만든다.

## • 담아 완성하기
⓳ 어만두의 그릇을 선택한다.
㉑ 그릇에 어만두, 곁들이 채소를 함께 담고, 초간장과 겨자즙을 각각 담아 곁들인다.

# 비빔국수

- 소면 70g
- 소고기 우둔 30g
- 마른 표고버섯 1개
- 석이버섯 5장
- 오이(20cm) 1/4개
- 달걀 1개
- 실고추 1g
- 진간장 15ml
- 대파(흰 부분 4cm) 20g
- 깐 마늘 1개
- 깨소금 5g
- 꽃소금 10g
- 참기름 10ml
- 후춧가루 1g
- 흰 설탕 5g
- 식용유 20ml

• 재료 확인하기
❶ 소면, 소고기, 마른 표고버섯, 석이버섯, 오이 등의 품질 확인하기

• 사용할 도구 선택하기
❷ 냄비, 프라이팬, 나무젓가락 등을 선택하여 준비한다.

• 재료 계량하기
❸ 각각의 재료 분량을 컵과 계량스푼, 저울로 계량하기

• 재료 준비하기
❹ 대파, 마늘은 곱게 다진다.
❺ 소고기는 0.3cm×0.3cm×5cm로 채를 썬다.
❻ 마른 표고는 미지근한 물에 불려서 0.3cm×0.3cm×5cm로 채를 썬다.
❼ 오이는 소금으로 문질러 씻어서 돌려깎은 다음 0.3cm×0.3cm× 5cm로 채를 썬다. 소금에 살짝 절인다.
❽ 달걀은 황·백지단을 하여 0.2cm×0.2cm×5cm로 채를 썬다.
❾ 실고추는 2cm 길이로 자른다.
❿ 석이버섯은 0.2cm 두께로 채를 썬다.

• 조리하기
⓫ 썬 소고기와 표고버섯은 간장, 다진 대파, 다진 마늘, 참기름을 넣고 버무려 달구어진 팬에 식용유를 두르고 볶는다.
⓬ 석이버섯은 참기름에 소금간을 하여 볶는다.
⓭ 절인 오이는 다진 대파, 다진 마늘을 넣고 버무려 달구어진 팬에 식용유를 두르고 볶는다.
⓮ 냄비에 물을 넉넉히 하여 국수를 삶는다. 삶아진 국수에 간장, 참기름으로 버무린다. 소고기, 표고버섯, 오이 볶은 것과 한번 더 버무린다.

• 담아 완성하기
⓯ 비빔국수의 그릇을 선택한다.
⓰ 그릇에 보기 좋게 비벼 놓은 국수를 담고, 황·백지단과 석이버섯, 실고추를 고명으로 얹는다.

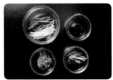

# 국수장국

## 재료

- 소면 80g
- 소고기 50g
- 달걀 1개
- 애호박(길이 6cm) 60g
- 석이버섯 5g
- 실고추 1g
- 식용유 5ml
- 참기름 5ml
- 소금 5g
- 진간장 10ml
- 대파(흰 부분 4cm) 20g
- 깐 마늘 1개

• 재료 확인하기
❶ 소면, 소고기, 마른 석이버섯, 애호박 등의 품질 확인하기

• 사용할 도구 선택하기
❷ 냄비, 프라이팬, 나무젓가락 등을 선택하여 준비한다.

• 재료 계량하기
❸ 각각의 재료 분량을 컵과 계량스푼, 저울로 계량하기

• 재료 준비하기
❹ 대파, 마늘은 곱게 다진다.
❺ 소고기 30g은 찬물에 담근다.
❻ 애호박은 0.3cm×0.3cm×5cm로 채 썰어 소금에 절인다.
❼ 실고추는 2cm 길이로 자른다.
❽ 석이버섯은 0.2cm 두께로 채 썬다.
❾ 달걀은 황·백지단을 하여 0.2cm×0.2cm×5cm로 썬다.

• 조리하기
❿ 냄비에 물, 소고기를 넣어 육수를 끓이고 고운체에 걸러 간장으로
   색을 내고 소금으로 간을 한다.
⓫ 삶은 고기는 0.3cm×0.3cm×5cm로 채를 썬다.
⓬ 석이버섯은 팬에 참기름을 두르고 소금으로 간을 하여 볶는다.
⓭ 절인 호박은 다진 대파, 다진 마늘을 넣어 달구어진 팬에 식용유를
   두르고 볶는다.
⓮ 냄비에 물을 넉넉히 하여 국수를 삶는다.

• 담아 완성하기
⓯ 국수장국의 그릇을 선택한다.
⓰ 그릇에 보기 좋게 국수를 담고, 소고기, 애호박, 황·백지단과 석이
   버섯, 실고추를 고명으로 얹는다. 국물은 국수의 1.5배를 담는다.

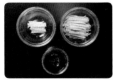

# 칼국수

**재료**

- 중력 밀가루 100g
- 국물용 멸치 20g
- 애호박 6cm 60g
- 마른 표고버섯 1개
- 실고추 1g
- 깐 마늘 5g
- 대파(4cm) 20g
- 식용유 10ml
- 소금 5g
- 진간장 5ml
- 참기름 5ml
- 흰 설탕 5g

• 재료 확인하기

❶ 밀가루, 멸치, 애호박, 마른 표고버섯, 실고추, 마늘, 대파 등의 품질 확인하기

• 사용할 도구 선택하기

❷ 냄비, 프라이팬, 나무젓가락 등을 선택하여 준비한다.

• 재료 계량하기

❸ 각각의 재료 분량을 컵과 계량스푼, 저울로 계량하기

• 재료 준비하기

❹ 밀가루는 덧가루를 남기고 반죽을 하여 두께 0.2cm, 폭 0.3cm가 되도록 칼국수를 만든다.

❺ 대파, 마늘은 곱게 다진다.

❻ 애호박을 돌려깎기를 하고 채 썰어 소금에 절인다.

❼ 마른 표고버섯은 미지근한 물에 불려 곱게 채를 썬다.

❽ 실고추는 3cm 길이로 자른다.

❾ 멸치는 내장을 제거한다.

• 조리하기

❿ 냄비에 내장을 제거한 멸치를 볶다가 물 3컵, 마늘, 대파를 넣어 10분간 끓인다. 고운체에 걸러 간장, 소금으로 간을 한다.

⓫ 절인 애호박은 물기를 제거하고 달구어진 팬에 식용유를 두르고 볶는다.

⓬ 채 썬 표고버섯은 간장, 설탕, 다진 대파, 다진 마늘, 참기름, 참깨를 넣고 버무려 달구어진 팬에 식용유를 두르고 볶는다.

⓭ 냄비에 육수가 끓으면 칼국수를 넣어 끓인다.

• 담아 완성하기

⓮ 칼국수의 그릇을 선택한다.

⓯ 그릇에 칼국수를 담는다. 애호박, 표고버섯, 실고추를 고명으로 얹는다.

# 만둣국

## 재료

- 밀가루(중력분) 60g
- 소고기 우둔 60g
- 두부 50g
- 숙주 30g
- 배추김치 40g
- 달걀 1개
- 미나리(줄기부분) 20g
- 대파(흰 부분 4cm) 20g
- 깐 마늘 10g
- 소금 5g
- 후춧가루 2g
- 식용유 5ml
- 깨소금 5g
- 참기름 10ml
- 국간장 5ml
- 산적꼬치 1개

### • 재료 확인하기
① 밀가루, 소고기, 두부, 숙주, 배추김치, 달걀, 대파 등의 품질 확인하기

### • 사용할 도구 선택하기
② 냄비, 프라이팬, 나무젓가락 등을 선택하여 준비한다.

### • 재료 계량하기
③ 각각의 재료 분량을 컵과 계량스푼, 저울로 계량하기

### • 재료 준비하기
④ 대파, 마늘은 곱게 다진다.
⑤ 밀가루 3큰술을 덧가루로 남기고 밀가루, 물, 소금을 혼합하여 만두 반죽을 한다. 만두피는 8cm 지름으로 만든다.
⑥ 소고기 30g은 찬물에 담가 핏물을 뺀다.
⑦ 소고기 30g은 곱게 다진다.
⑧ 숙주는 깨끗하게 씻는다.
⑨ 배추김치는 속을 털어내고 송송 썰어 국물을 짠다.
⑩ 두부는 물기를 제거하고 으깬다.
⑪ 미나리는 잎을 제거하고 산적꼬치에 초대용으로 준비한다.

### • 조리하기
⑫ 냄비에 물 3컵, 소고기, 대파, 마늘을 넣어 육수를 끓인다. 고기는 건져 편으로 썬다. 육수는 면포에 거르고 국간장, 소금으로 간을 한다.
⑬ 다진 고기는 핏물을 제거하고 다진 대파, 다진 마늘, 후춧가루, 참기름, 깨소금, 소금 간을 한다.
⑭ 숙주는 끓는 소금물에 데쳐서 송송 썰고 물기를 꼭 짠다.
⑮ 달걀은 황·백으로 갈라 체에 내리고, 소금 간을 한 후 미나리 초대를 먼저 하고 남은 달걀로 지단을 부친다. 황·백지단과 미나리초대는 마름모로 썬다.
⑯ 소고기양념한 것, 으깬 두부, 손질한 숙주, 송송 썬 배추김치를 한데 모아 다진 대파, 다진 마늘, 참기름, 깨소금, 소금으로 버무려 만두소를 만든다.
⑰ 만두피에 만두 속재료를 넣어 만두 5개를 빚는다.
⑱ 냄비에 준비된 육수가 끓으면 빚은 만두를 넣어 중불에서 끓인다.

### • 담아 완성하기
⑲ 만둣국의 그릇을 선택한다.
⑳ 그릇에 만둣국을 담는다. 황·백지단과 미나리 초대를 고명으로 한다.

# 소갈비찜

## 재료

- 소갈비 800g
- 물 5컵
- 무 100g
- 당근 80g
- 마른 표고버섯 3장
- 깐 밤 5개
- 대추 3개

### 소금물
- 물 1컵
- 소금 1/2작은술

### 찜양념
- 간장 4큰술
- 설탕 2큰술
- 배즙 4큰술
- 다진 대파 1큰술
- 다진 마늘 1/2큰술
- 참기름 1큰술
- 참깨 1작은술
- 후춧가루 약간

• 재료 확인하기
❶ 소갈비, 무, 당근, 표고버섯, 밤, 대추 등 확인하기

• 사용할 도구 선택하기
❷ 냄비, 프라이팬, 나무젓가락 등을 선택하여 준비한다.

• 재료 계량하기
❸ 각각의 재료 분량을 컵과 계량스푼, 저울로 계량하기

• 재료 준비하기
❹ 소갈비는 5cm 크기로 준비하여 칼집을 넣고 찬물에 담가 핏물을 뺀다.
❺ 무, 당근은 3cm×3cm 크기로 썰어 밤모양으로 모서리를 다듬는다.
❻ 마른 표고버섯은 물에 불려 기둥을 떼고 4등분으로 썬다.
❼ 대추는 돌려깎아 씨를 뺀다.

• 양념장 만들기
❽ 분량의 재료를 섞어 찜양념을 만든다.

• 조리하기
❾ 끓는 소금물에 무, 당근을 삶아둔다.
❿ 냄비에 물 5컵과 소갈비를 넣고 40분 정도 삶는다. 기름기는 걷어내
며 끓인다. 삶은 소갈비에 찜양념을 버무린다. 소갈비 삶은 육수를
2컵 넣고 중불에서 서서히 끓인다. 소갈비가 무르게 익으면 무, 당
근, 표고, 밤, 대추를 넣어 끓인다.

• 담아 완성하기
⓫ 소갈비찜 담을 그릇을 선택한다.
⓬ 소갈비찜을 국물과 함께 따뜻하게 담는다.

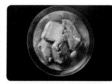

# 수란

### 재료

- 달걀 4개
- 참기름 1작은술
- 물 3컵
- 소금 1작은술
- 석이버섯 1장
- 실고추 1g
- 실파 3g

• 재료 확인하기
❶ 달걀, 참기름, 물, 소금, 석이버섯, 실고추 등 확인하기

### 사용할 도구 선택하기
❷ 냄비, 국자, 나무젓가락 등을 선택하여 준비한다.

### 재료 계량하기
❸ 각각의 재료 분량을 컵과 계량스푼, 저울로 계량하기

### 재료 준비하기
❹ 달걀은 작은 그릇에 하나씩 깨뜨려 담아 놓는다.
❺ 석이버섯은 미지근한 물에 불려 손질하고 곱게 채를 썬다.
❻ 실고추는 1cm로 잘라놓고, 실파도 1cm로 채를 썬다.

### 조리하기
❼ 석이버섯은 소금, 참기름에 버무려 살짝 볶는다.
❽ 물에 소금을 넣고 펄펄 끓으면 불을 약하게 줄인다.
❾ 수란기 혹은 국자에 참기름을 고르게 바른 후 깬 달걀을 가만히 넣고
   국자 자루를 손으로 잡고 뜨거운 물에 반쯤 잠기도록 하여 익힌다.
❿ 달걀 흰자가 익으면 국자를 끓는 물 속에 잠깐 담가 노른자가 살짝
   익을 정도 두었다가 건진다.
⓫ 뜨거울 때 소금을 약간 뿌린다.

### 담아 완성하기
⓬ 수란 담을 그릇을 선택한다.
⓭ 그릇에 수란을 담고 석이버섯, 실파, 실고추를 고명으로 얹는다.

# 돼지갈비찜

## 재료

- 돼지갈비(5cm 토막) 200g
- 감자 80g
- 당근(7cm 길이 정도) 50g
- 대파(흰 부분, 4cm) 20g
- 깐 마늘 10g
- 생강 10g
- 진간장 40ml
- 흰 설탕 20g
- 후춧가루 2g
- 깨소금 5g
- 참기름 5ml
- 양파 50g
- 붉은 고추 1/2개

•재료 확인하기
❶ 돼지갈비, 감자, 당근, 대파, 깐 마늘, 생강 등 확인하기

•사용할 도구 선택하기
❷ 냄비, 프라이팬, 나무젓가락 등을 선택하여 준비한다.

•재료 계량하기
❸ 각각의 재료 분량을 컵과 계량스푼, 저울로 계량하기

•재료 준비하기
❹ 돼지갈비는 5cm 크기로 준비하여 칼집을 넣고 찬물에 담가 핏물을 뺀다.
❺ 감자, 당근은 사방 3cm 크기로 썰어 모서리를 다듬는다.
❻ 양파는 2cm 크기로 채를 썬다.
❼ 붉은 고추는 어슷썰기하여 씨를 제거한다.

•양념장 만들기
❽ 분량의 재료를 섞어 찜양념을 만든다.

•조리하기
❾ 끓는 물에 돼지갈비를 넣고 데쳐, 찬물에 헹군다.
❿ 데친 돼지갈비에 양념장 2/3컵과 물 1컵을 넣고 센 불에서 끓이다가 중불로 줄여 끓인다.
⓫ 갈비가 잘 익으면 감자, 당근을 넣고 익힌다. 양파와 나머지 양념장을 넣고 국물을 끼얹어가며 윤기나게 조린다.

•담아 완성하기
⓬ 돼지갈비찜 담을 그릇을 선택한다.
⓭ 돼지갈비찜을 국물과 함께 담는다.

# 북어찜

## 재료

- 북어포(반을 갈라 말린 껍질 있는 것 40g) 1마리
- 진간장 30ml
- 흰 설탕 10g
- 대파(흰 부분, 4cm) 20g
- 깐 마늘 10g
- 생강 5g
- 후춧가루 2g
- 깨소금 5g
- 참기름 5ml
- 실고추(길이 10cm, 1~2줄기) 1g

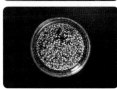

• 재료 확인하기
❶ 북어포, 진간장, 흰 설탕, 대파, 깐 마늘, 생강 등 확인하기

• 사용할 도구 선택하기
❷ 냄비, 가위, 나무젓가락 등을 선택하여 준비한다.

• 재료 계량하기
❸ 각각의 재료 분량을 컵과 계량스푼, 저울로 계량하기

• 재료 준비하기
❹ 대파, 마늘은 곱게 다진다.
❺ 생강은 강판에 갈아 생강즙을 만든다.
❻ 북어는 머리를 떼고 찬물에 잠깐 담가 불리고 지느러미, 뼈를 제거한다. 6cm 길이로 3토막을 내고, 껍질에 칼집을 넣는다.
❼ 실고추는 2~3cm 길이로 자른다.
❽ 대파는 흰 부분으로 3cm 길이로 곱게 채를 썬다.

• 양념장 만들기
❾ 분량의 재료를 섞어 양념장을 만든다.

• 조리하기
❿ 냄비에 북어를 넣고 양념장과 물 1/2컵을 끼얹어 약불에서 끓인다.
⓫ 양념국물이 자작해지면 실고추, 대파를 얹고 잠시 뜸을 들인다.

• 담아 완성하기
⓬ 북어찜 담을 그릇을 선택한다.
⓭ 북어찜을 3토막 이상 넣고 국물과 함께 담는다.

# 닭찜

## 재료

- 닭(1마리 600g 정도를 세로로 반을 갈라 지급) 300g
- 물 5컵
- 당근(길이 7cm 정도 곧은 것) 50g
- 불린 표고(지름 5cm 정도) 1장
- 양파 50g
- 은행 3알
- 달걀 1개
- 식용유 30ml
- 소금 5g

### 찜양념

- 간장 50ml
- 설탕 20g
- 대파(흰 부분, 4cm) 20g
- 마늘 10g
- 생강 10g
- 참기름 10ml
- 깨소금 5g
- 후춧가루 2g

### • 재료 확인하기
❶ 닭, 당근, 표고버섯, 양파, 은행, 달걀, 식용유, 소금 등 확인하기

### • 사용할 도구 선택하기
❷ 냄비, 프라이팬, 나무젓가락 등을 선택하여 준비한다.

### • 재료 계량하기
❸ 각각의 재료 분량을 컵과 계량스푼, 저울로 계량하기

### • 재료 준비하기
❹ 대파, 마늘은 곱게 다진다.
❺ 생강은 껍질을 벗겨 강판에 갈아 즙을 만든다.
❻ 닭은 내장과 기름기를 제거하고 깨끗이 손질하여 4~5cm로 자른다.
❼ 당근은 3cm×3cm 크기로 썰어 밤모양으로 모서리를 다듬는다.
❽ 표고버섯은 물에 불려 기둥을 떼고 4등분으로 썬다.
❾ 양파는 1.5cm 두께로 채를 썬다.

### • 양념장 만들기
❿ 분량의 재료를 섞어 찜양념을 만든다.

### • 조리하기
⓫ 은행은 볶아 껍질을 벗긴다.
⓬ 달걀은 황·백지단을 부쳐 2cm 정도의 마름모꼴로 썬다.
⓭ 냄비에 물 5컵을 끓여 자른 닭고기를 넣고 데쳐낸다.
⓮ 냄비에 데쳐낸 닭과 당근, 양념장의 반을 넣고 끓이다 나머지 양념장을 넣고 끓인다.
⓯ 국물이 자작해지면 표고버섯과 양파를 넣고 조금 더 끓이고 중간중간 국물을 끼얹어 가면서 윤기나게 조린 뒤 은행을 넣는다.

### • 담아 완성하기
⓰ 닭찜 담을 그릇을 선택한다.
⓱ 닭찜을 국물과 함께 따뜻하게 담고, 황·백지단을 고명으로 올린다.

# 달걀찜

## 재료

- 달걀 1개
- 새우젓 10g
- 실파 20g
- 석이버섯 5g
- 실고추 1g
- 참기름 5ml
- 소금 5g

• 재료 확인하기
❶ 달걀, 새우젓, 실파, 석이버섯, 실고추, 참기름 등 확인하기

• 사용할 도구 선택하기
❷ 달걀찜 그릇, 냄비, 프라이팬, 나무젓가락 등을 선택하여 준비한다.

• 재료 계량하기
❸ 각각의 재료 분량을 컵과 계량스푼, 저울로 계량하기

• 재료 준비하기
❹ 달걀은 잘 풀어 체에 내리고, 달걀부피만큼의 물을 2배 섞어 체에 내려 거품을 없앤다.
❺ 새우젓은 곱게 다져 국물만 준비한다.
❻ 석이버섯은 미지근한 물에 불려 손질하고 곱게 채를 썬다.
❼ 실고추, 실파는 1cm 길이로 썬다.

• 조리하기
❽ 석이버섯은 소금, 참기름에 버무려 살짝 볶는다.
❾ 달걀물에 새우젓 국물와 소금으로 간을 하고 찜할 그릇에 담는다.
❿ 냄비에 물이 끓으면 달걀찜 그릇을 넣고 12분 정도 중탕을 한다.

• 담아 완성하기
⓫ 달걀찜이 익으면 석이, 실파, 실고추 고명을 올리고, 살짝 김을 올려 달걀찜 그릇을 꺼낸다.
✽ 달걀찜은 중탕 시에 물이 너무 끓으면 기포가 생겨 조직이 부드럽지 않으므로 중불에서 찌고 찜그릇에 뚜껑을 덮어 쪄야 표면이 매끄럽다.

# 오이선

## 재료

- 오이(가늘고 곧은 것 20cm) 1/2개
- 소고기 우둔 20g
- 불린 표고버섯 1개
- 달걀 1개
- 참기름 5ml
- 후춧가루 1g
- 소금 20g
- 간장 5ml
- 흰 설탕 5g
- 식용유 15ml
- 깨소금 5g
- 식초 10ml
- 대파(흰 부분, 4cm) 20g
- 깐 마늘 5g

• 재료 확인하기

❶ 오이, 소고기 우둔, 표고버섯, 달걀, 참기름, 간장, 설탕 등 확인하기

• 사용할 도구 선택하기

❷ 냄비, 프라이팬, 나무젓가락 등을 선택하여 준비한다.

• 재료 계량하기

❸ 각각의 재료 분량을 컵과 계량스푼, 저울로 계량하기

• 재료 준비하기

❹ 대파, 마늘은 곱게 다진다.

❺ 오이는 길이로 반을 갈라 4cm 크기로 어슷썰기를 하고 균일한 간격으로 3군데에 어슷하게 칼집을 넣은 뒤 소금물에 담가 절인다.

❻ 소고기 우둔은 곱게 채를 썬다.

❼ 마른 표고버섯은 물에 불려 곱게 채를 썬다.

• 양념장 만들기

❽ 간장 1작은술, 설탕 1/4작은술, 다진 대파 1/2작은술, 다진 마늘 1/4작은술, 깨소금 1/2작은술, 참기름 1/2작은술, 후춧가루 1/8작은술을 고루 버무려 고기양념을 만든다.

❾ 식초 1작은술, 설탕 2/3작은술, 물 1작은술, 소금 1/3작은술을 섞어 단촛물을 만든다.

• 조리하기

❿ 오이가 절여지면 물기를 제거하고 달구어진 팬에 식용유를 두르고 새파랗게 볶아 식힌다.

⓫ 달걀은 황·백으로 지단을 부쳐 2.5cm 길이로 채를 썬다.

⓬ 소고기 우둔과 표고버섯은 고기양념을 하여 각각 볶는다.

⓭ 오이의 칼집 사이에 황·백지단, 소고기, 표고버섯을 끼워 넣는다.

• 담아 완성하기

⓮ 오이선 담을 그릇을 선택한다.

⓯ 오이선 4개를 그릇에 담고, 단촛물을 끼얹는다.

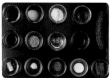  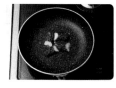  

# 호박선

## 재료

- 애호박 1개  • 소고기 우둔 20g
- 불린 표고버섯 1개
- 당근(길이 7cm) 50g
- 석이버섯 5g  • 달걀 1개
- 대파(흰 부분, 4cm) 20g
- 깐 마늘 5g  • 실고추 1g
- 잣 3개  • 겨잣가루 5g
- 식초 5ml  • 식용유 10ml
- 소금 10g  • 간장 10ml
- 설탕 10g  • 참기름 5ml
- 깨소금 5g  • 후춧가루 1g

• 재료 확인하기

❶ 애호박, 소고기 우둔, 표고버섯, 당근, 석이버섯, 달걀, 대파, 마늘 등 확인하기

• 사용할 도구 선택하기

❷ 냄비, 프라이팬, 나무젓가락 등을 선택하여 준비한다.

• 재료 계량하기

❸ 각각의 재료 분량을 컵과 계량스푼, 저울로 계량하기

• 재료 준비하기

❹ 대파, 마늘은 곱게 다진다.

❺ 애호박은 길이로 반을 갈라 4cm 길이로 어슷썰기한 후 3번 칼집을 넣는다. 소금물에 충분에 절여준다.

❻ 소고기 우둔은 곱게 채를 썬다.

❼ 마른 표고버섯은 물에 불려 곱게 채를 썬다.

❽ 석이버섯은 미지근한 물에 불려 손질하고 곱게 채를 썬다.

❾ 당근은 껍질을 벗기고 3cm 길이로 채를 썬다.

❿ 잣은 고깔을 제거하고 반으로 잘라 비늘잣을 만든다.

⓫ 실고추는 2cm 길이로 자른다.

⓬ 겨잣가루에 물을 버무려 발효시킨다.

• 양념장 만들기

⓭ 간장 1작은술, 설탕 2/3작은술, 다진 대파 1/2작은술, 다진 마늘 1/4작은술, 참기름 1작은술, 깨소금 1/2작은술, 후춧가루 약간을 섞어 고기양념을 만든다.

⓮ 발효된 겨자 1작은술, 물 1큰술, 소금 적당량, 간장 1/3작은술, 설탕 1작은술, 식초 1작은술을 섞어 겨자장을 만든다.

• 조리하기

⓯ 달걀은 황·백으로 지단을 부쳐 2cm×0.1cm×0.1cm 크기로 채를 썬다.

⓰ 석이버섯은 참기름, 소금으로 양념하여 볶는다.

⓱ 소고기 우둔과 표고버섯은 각각 고기양념을 하여 따로 볶는다.

⓲ 끓는 소금물에 당근을 데친다. 소금, 참기름으로 양념한다.

⓳ 물 1컵에 간장 1/2작은술을 넣어 색을 내고 소금으로 간을 하여 육수를 만든다.

⓴ 절인 애호박에 준비한 소를 칼집에 보기 좋게 끼운다.

㉑ 냄비에 준비한 애호박을 담고 육수를 부어 끓인다. 소부분에 육수를 끼얹어가며 속까지 익힌다.

• 담아 완성하기

㉒ 호박선 담을 그릇을 선택한다.

㉓ 그릇에 호박선을 국물과 담고 지단, 석이버섯, 실고추, 잣을 고명으로 얹는다. 겨자장을 곁들인다.

# 어선

## 재료

- 동태 1마리(500~800g) · 달걀 1개
- 당근(7cm 길이) 50g
- 불린 표고버섯 2개
- 오이 곧은 것(20cm) 1/3개
- 설탕 15g · 생강 10g
- 소금 10g · 후춧가루 2g
- 녹말가루 30g · 간장 20ml
- 참기름 5ml · 식용유 30ml

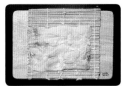

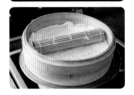

• 재료 확인하기

❶ 동태, 달걀, 당근, 표고버섯, 오이, 설탕, 생강 등 확인하기

• 사용할 도구 선택하기

❷ 냄비, 프라이팬, 나무젓가락 등을 선택하여 준비한다.

• 재료 계량하기

❸ 각각의 재료 분량을 컵과 계량스푼, 저울로 계량하기

• 재료 준비하기

❹ 생강은 껍질을 벗기고 강판에 갈아 생강즙을 만든다.

❺ 생선살은 넓게 포를 떠서 칼을 눕혀 두들긴 다음 소금, 후춧가루, 생강즙으로 밑간을 한다.

❻ 당근은 껍질을 벗겨 채를 썰어 소금에 절인다.

❼ 오이는 돌려깎기하여 채를 썰어 소금에 절인다.

❽ 표고버섯은 기둥을 떼고 채를 썬다.

• 조리하기

❾ 달걀은 황·백으로 지단을 부치고 5cm×0.3cm×0.3cm 크기로 채를 썬다.

❿ 표고버섯은 간장, 설탕, 참기름으로 양념을 한다.

⓫ 팬에 기름을 두르고 오이, 당근, 표고버섯을 각각 볶는다.

⓬ 김발 위에 녹말가루를 얇게 바른 다음 생선포를 네모반듯하게 맞추어 놓고 준비한 재료들을 길이로 놓는다. 김밥 말듯이 말아 김이 오른 찜통에 10분 정도 찐다.

⓭ 생선이 익으면 꺼내어 식힌 다음 2cm 두께로 썬다.

• 담아 완성하기

⓮ 어선 담을 그릇을 선택한다.

⓯ 그릇에 어선을 보기 좋게 6개 담는다.

# 파전

## 재료

- 밀가루 1½컵
- 찹쌀가루(방앗간용) 4큰술
- 소금 1/2작은술
- 실파 50g
- 부추 50g
- 다진 소고기 30g
- 조갯살 30g
- 굴 40g
- 달걀 1개
- 식용유 적당량

### 소금물
- 물 3컵
- 소금 1작은술

### 고기양념
- 간장 1/2작은술
- 다진 마늘 1/3작은술
- 참기름 1/3작은술
- 깨소금 1/3작은술
- 후춧가루 약간

### 양념장
- 진간장 1큰술
- 물 1큰술
- 설탕 1작은술
- 굵은 고춧가루 1/2큰술
- 다진 대파 1작은술
- 다진 마늘 1/2작은술
- 깨소금 1작은술
- 식초 2작은술

• 재료 확인하기
❶ 밀가루, 멥쌀가루, 소금, 실파, 부추, 다진 소고기, 조갯살 등 확인하기

• 사용할 도구 선택하기
❷ 프라이팬, 나무젓가락 등을 선택하여 준비한다.

• 재료 계량하기
❸ 각각의 재료 분량을 컵과 계량스푼, 저울로 계량하기

• 재료 준비하기
❹ 실파와 부추는 다듬어 씻어서 13cm 정도로 자른다.
❺ 조갯살과 굴은 다듬어서 소금물에 씻어 건져 대강 다진다.

• 조리하기
❻ 밀가루와 찹쌀가루를 섞어 소금 간을 한 후 물로 걸쭉하게 반죽을 한다.
❼ 다진 소고기는 양념하여 반죽에 섞는다.
❽ 팬에 식용유를 두르고 파와 부추에 반죽을 입혀 팬에 펴 놓고 조갯살, 굴 등 해물을 올려 반죽을 살짝 덮어주고 달걀로 줄알을 친다.
❾ 노릇하게 익으면 뒤집어서 지져낸다.
❿ 양념장을 만든다.

• 담아 완성하기
⓫ 파전 담을 그릇을 선택한다.
⓬ 파전은 기름을 제거하여 따뜻하게 담아낸다. 양념장을 곁들여낸다.

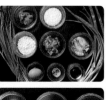
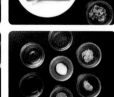

# 화전

## 재료

- 찹쌀가루(방앗간용) 100g
- 끓는 물
- 소금 5g
- 대추 1개
- 쑥갓 10g
- 식용유 10ml
- 설탕 40g

• 재료 확인하기
❶ 찹쌀가루, 소금, 대추, 쑥갓, 식용유 등 확인하기

• 사용할 도구 선택하기
❷ 냄비, 프라이팬, 나무젓가락 등을 선택하여 준비한다.

• 재료 계량하기
❸ 각각의 재료 분량을 컵과 계량스푼, 저울로 계량하기

• 재료 준비하기
❹ 대추는 씨를 빼고 돌돌 말아 썬다.
❺ 쑥갓은 고명으로 사용할 잎을 떼어 찬물에 담근다.

• 조리하기
❻ 찹쌀가루는 끓는 물과 소금을 넣어 익반죽한다.
❼ 직경 5cm×0.4cm 크기로 둥글납작하게 빚어 기름 바른 그릇에 둔다.
❽ 달구어진 팬에 빚어 놓은 찹쌀반죽을 올려 아래쪽이 말갛게 익으면 뒤집어 익힌 뒤 고명을 한다.
❾ 설탕과 물을 동량으로 끓여 시럽을 만든다.

• 담아 완성하기
❿ 화전 담을 그릇을 선택한다.
⓫ 그릇에 화전 5개를 담고 시럽을 끼얹는다.

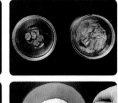

# 채소튀김

## 재료

- 고구마 100g
- 단호박 100g
- 깻잎 3장
- 밀가루 3큰술
- 식용유 4컵
- A4용지 1장
- 잣 2알

### 튀김옷
- 밀가루 1컵
- 달걀 1/3개
- 소금 1/2작은술
- 얼음물 500ml

### 초간장
- 설탕 1작은술
- 간장 2작은술
- 물 2작은술
- 식초 2작은술

• 재료 확인하기
❶ 고구마, 단호박, 깻잎, 밀가루, 식용유, 잣, 밀가루 등 확인하기

• 사용할 도구 선택하기
❷ 냄비, 프라이팬, 나무젓가락 등을 선택하여 준비한다.

• 재료 계량하기
❸ 각각의 재료 분량을 컵과 계량스푼, 저울로 계량하기

• 재료 준비하기
❹ 고구마는 깨끗이 씻어 동그랗게 0.3cm로 썰어 물에 담가 놓는다.
❺ 단호박은 씨를 제거하고 껍질을 벗겨 길게 모양을 살려 0.3cm로 썬다.
❻ 깻잎은 깨끗이 씻어 꼭지를 살짝 남기고 잘라 찬물에 담가 놓는다.

• 조리하기
❼ 분량의 얼음물에 달걀과 소금을 넣어 섞은 후 밀가루를 넣어 반죽한다.
❽ 물기를 제거한 채소에 밀가루를 앞뒤로 묻혀 턴 뒤 튀김옷을 입힌다.
❾ 150~160℃로 달군 기름에 튀김옷을 입힌 채소를 넣고 노릇하게 튀긴다.
❿ 초간장을 만든다.

• 담아 완성하기
⓫ 채소튀김 담을 그릇을 선택한다.
⓬ 채소튀김은 기름을 제거하고 따뜻하게 담아낸다. 초간장을 곁들여 낸다.

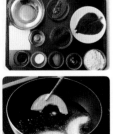

# 백김치

## 재료

### 재료
- 통배추 1통(3kg)
- 무 400g
- 배 150g
- 밤 4개
- 석이버섯 5개
- 대추 3개
- 쪽파 30g
- 미나리 30g
- 갓 30g
- 마늘 20g
- 생강 5g
- 실고추 약간
- 설탕 1/2큰술
- 잣 1작은술

### 소금물
- 굵은소금 2컵
- 물 2L

### 찹쌀풀
- 찹쌀가루 2큰술
- 물 1컵

### 육수
- 다시마 1장
- 물 2컵

### 양념
- 물 10컵
- 설탕 2큰술
- 배 150g
- 새우젓 2큰술
- 소금 4큰술

• 재료 확인하기
❶ 배추, 무의 품질 확인하기

• 재료 계량하기
❷ 배합표에 따라 재료를 정확하게 계량한다.

• 도구 준비하기
❸ 작업대, 계량저울, 계량스푼, 계량컵, 조리용 칼, 도마, 채반, 앞치마, 장갑(위생장갑, 면장갑, 고무장갑), 절이는 용기, 위생모자, 위생행주, 분리수거용 봉투 등을 준비한다.

• 재료 전처리하기
❹ 배추는 겉잎을 떼어내고 반으로 자른다.
❺ 무는 껍질을 벗겨 채 썬다.
❻ 쪽파, 미나리, 갓은 다듬어서 4cm 길이로 썬다.
❼ 배, 밤, 대추는 채 썬다.
❽ 석이버섯은 물에 불려 손질하고 채 썬다.
❾ 마늘, 생강은 껍질을 벗기고 채 썬다.
❿ 실고추는 3cm 길이로 자른다.
⓫ 찹쌀가루를 물에 풀어 찹쌀풀을 쑨다.
⓬ 다시마는 찬물에 넣어 끓이고 물이 끓으면 바로 불을 끄고 식힌다.

• 재료 절이기
⓭ 굵은소금을 줄기 쪽에 뿌리고 소금물에 담가 8시간 이상을 절인다.
⓮ 배추가 잘 절여지면 물에 헹구어 소쿠리에 담아 물기를 뺀다.

• 김치 양념배합
⓯ 무, 쪽파, 미나리, 갓, 배, 밤, 대추, 석이버섯, 마늘, 생강, 설탕, 잣, 실고추를 섞어 소를 만든다.

• 김치 담그기
⓰ 배추잎 사이사이에 소를 넣고 배추 겉잎으로 감싸서 항아리에 눌러 담는다. 찹쌀풀, 다시마물, 양념을 고루 섞어 항아리에 부어 익힌다. 실온에서 익힌 뒤 냉장고에 보관한다.

• 담아 완성하기
⓱ 백김치 담을 그릇을 선택하여 보기 좋게 담는다.

# 얼갈이김치

## 재료

- 얼갈이배추 2kg
- 풋고추 4개
- 붉은 고추 2개
- 쪽파 100g

### 양념

- 붉은 고추 6개
- 양파 200g
- 마늘 50g
- 고춧가루 5큰술
- 소금 3큰술
- 까나리액젓 2큰술
- 물 100g

### 밀가루풀

- 물 2컵
- 밀가루 2큰술

### 소금물

- 굵은소금 1/2컵
- 물 2컵

• 재료 확인하기
❶ 재료의 품질 확인하기

• 재료 계량하기
❷ 배합표에 따라 재료를 정확하게 계량한다.

• 도구 준비하기
❸ 작업대, 계량저울, 계량스푼, 계량컵, 조리용 칼, 도마, 채반, 앞치마, 장갑(위생장갑, 면장갑, 고무장갑), 절이는 용기, 위생모자, 위생행주, 분리수거용 봉투 등을 준비한다.

• 재료 전처리하기
❹ 얼갈이배추는 여러 번 씻는다.
❺ 쪽파는 5cm 길이로 썬다.
❻ 풋고추, 붉은 고추는 어슷하게 썬다.
❼ 밀가루로 풀을 쑨 후 식힌다.

• 재료 절이기
❽ 소금물에 얼갈이배추를 절인다.

• 김치 양념배합
❾ 양념재료를 곱게 갈아 밀가루풀에 섞어 양념을 만든다.

• 김치 담그기
❿ 절여진 얼갈이배추에 속을 넣어 항아리에 차곡차곡 담는다. 실온에서 익은 후 냉장고에 보관한다.

• 담아 완성하기
⓫ 얼갈이김치 담을 그릇을 선택하여 보기 좋게 담는다.

# 오이소박이

## 재료

- 오이 1개
- 부추 20g
- 고춧가루 10g
- 대파 20g
- 마늘 5g
- 생강 5g
- 소금 15g

• 재료 확인하기
❶ 재료의 품질 확인하기

• 재료 계량하기
❷ 배합표에 따라 재료를 정확하게 계량한다.

• 도구 준비하기
❸ 작업대, 계량저울, 계량스푼, 계량컵, 조리용 칼, 도마, 채반, 앞치마, 장갑(위생장갑, 면장갑, 고무장갑), 절이는 용기, 위생모자, 위생행주, 분리수거용 봉투 등을 준비한다.

• 재료 전처리하기
❹ 오이는 6cm 길이로 썰어 양쪽 1cm씩을 남기고 4군데에 칼집을 넣는다.
❺ 부추는 손질하여 0.5cm 길이로 송송 썬다.
❻ 대파, 마늘, 생강은 껍질을 벗겨 곱게 다진다.

• 재료 절이기
❼ 손질한 오이는 소금물에 절인 뒤 잘 절여지면 물기를 짠다.

• 김치 양념배합
❽ 고춧가루, 대파, 마늘, 생강, 부추, 소금을 잘 버무려 소를 만든다.

• 김치 담그기
❾ 소를 절여진 오이에 채워 넣는다. 양념을 물로 헹구어 국물을 만든다.

• 담아 완성하기
❿ 오이소박이 담을 그릇을 선택하여 보기 좋게 담는다.

# 보쌈김치

## 재료

- 절인 배추 500g
- 무 50g
- 밤 1개
- 배 1/10개
- 실파 20g
- 마늘 10g
- 생강 5g
- 미나리 30g
- 갓 20g
- 대추 1개
- 석이버섯 5g
- 잣 5개
- 생굴 20g
- 낙지다리 50g
- 고춧가루 20g
- 소금 5g
- 새우젓 20g

• 재료 확인하기

❶ 재료의 품질 확인하기

• 재료 계량하기

❷ 배합표에 따라 재료를 정확하게 계량한다.

• 도구 준비하기

❸ 작업대, 계량저울, 계량스푼, 계량컵, 조리용 칼, 도마, 채반, 앞치마, 장갑(위생장갑, 면장갑, 고무장갑), 절이는 용기, 위생모자, 위생행주, 분리수거용 봉투 등을 준비한다.

• 재료 전처리하기

❹ 잘 절여진 배추는 씻어서 잎부분을 잘라 두고 줄기부분은 3cm×3cm×0.3cm 크기로 썬다.

❺ 배와 무는 3cm×3cm×0.3cm 크기로 썬다.

❻ 밤은 껍질을 벗겨 납작납작하게 편으로 썬다.

❼ 쪽파, 갓, 미나리는 다듬어 3cm 길이로 자른다.

❽ 생강, 마늘은 껍질을 벗겨 씻어 채 썬다.

❾ 새우젓은 건지만 건져 다진다.

❿ 낙지는 깨끗이 씻어 3cm 길이로 자르고, 굴은 소금물에 씻어 물기를 빼 놓는다.

⓫ 석이버섯은 따뜻한 물에 불려 비벼서 손질하여 씻은 후 채 썬다.

⓬ 잣은 고깔을 떼고 대추는 채 썰어 놓는다.

• 김치 양념배합

⓭ 무, 배추에 고춧가루를 넣고 버무려 색이 들면 밤, 배, 실파, 마늘, 생강, 미나리, 갓, 생굴, 낙지, 소금, 새우젓을 넣어 버무린다.

• 김치 담그기

⓮ 그릇에 배추잎 3~4장을 줄기는 밑으로 오게 하고 잎은 밖으로 펼쳐 놓아 버무린 김치를 놓는다.

⓯ 위의 대추, 석이버섯, 잣을 가운데 얹고 안의 잎부터 위를 덮어 속이 흩어지지 않게 손으로 꼭꼭 눌러 둥글게 만든다.

⓰ 양념 묻은 그릇에 물을 부어 헹군 뒤 보쌈김치 절반이 잠기도록 붓는다.

• 담아 완성하기

⓱ 보쌈김치 담을 그릇을 선택하여 보기 좋게 담는다.

 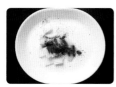   

# 배숙

## 재료

- 생강 25g
- 물 7컵
- 배 1/2개
- 통후추 1/2작은술
- 설탕 1/2컵
- 잣 1/2큰술

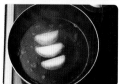

- 재료 계량하기
❶ 배합표에 따라 재료를 정확하게 계량한다.

- 재료·도구 준비하기
❷ 배숙 종류에 맞추어 재료와 도구를 준비한다.
   (1) 배, 생강, 통후추, 설탕, 잣, 물 등의 재료를 준비한다.
   (2) 배숙 만들 때 필요한 냄비, 작은 유리볼, 접시, 수저, 젓가락 등을 준비한다.

- 재료 전처리하기
❸ 배는 깨끗이 씻어 준비한다.
❹ 생강은 껍질을 벗겨 깨끗이 씻은 후 얇게 편으로 썬다.
❺ 잣은 깨끗이 닦아 고깔을 뗀다.

- 조리하기
❻ 물 7컵에 생강을 넣어 30~40여 분 정도 은근하게 끓여 체에 거른다.
❼ 배는 6~8등분하여 껍질을 벗긴다. 큰 것은 삼각지게 썰어서 모서리를 다듬는다. 통후추를 세 개씩 박는다.
❽ 생강 끓인 물에 설탕으로 간을 하고 통후추 박은 배를 넣어 끓인다.
❾ 배가 충분히 익으면 차게 식힌다.

- 담아 완성하기
❿ 배숙 담을 그릇을 선택하여 배숙을 담고 잣을 띄운다.

# 모약과

## 재료

- 밀가루 200g
- 소금 1/2작은술
- 후춧가루 1/3작은술
- 참기름 3½큰술
- 소주 3½큰술
- 튀김기름 6컵
- 대추 2개
- 잣 2큰술

**설탕시럽**
- 설탕 3큰술  • 물 3큰술
- 물엿 1/2작은술

**집청시럽**
- 조청 2컵  • 물 4큰술
- 생강 30g

• 재료 확인하기

❶ 재료의 품질 확인하기

• 재료 계량하기

❷ 배합표에 따라 재료를 정확하게 계량한다.

• 도구 준비하기

❸ 작업대, 계량저울, 계량스푼, 계량컵, 조리용 칼, 도마, 채반, 앞치마, 장갑(위생장갑, 면장갑, 고무장갑), 절이는 용기, 위생모자, 위생행주, 분리수거용 봉투 등을 준비한다.

• 재료 전처리하기

❹ 밀가루는 체로 친다.

❺ 소금은 칼 옆면으로 곱게 으깨어 놓는다.

❻ 대추는 과육만 도려내어 돌돌 말아 썰어 대추꽃을 만들고, 잣은 고깔을 떼어 놓는다.

❼ 생강은 껍질을 벗겨 편으로 썬다.

• 조리하기

❽ 냄비에 설탕과 물을 부피로 동량 넣고 불에 올려 젓지 않고 중불에서 끓인다. 반 정도 졸았을 때 불을 끄고 물엿을 넣고 고루 섞어 설탕시럽을 만든다.

❾ 조청에 물을 붓고 생강을 넣고 넘치지 않게 끓여 식혀 집청시럽을 만든다.

❿ 밀가루에 소금, 후춧가루를 넣어 고루 섞고 참기름을 넣어 고루 비벼 중간체에 내린다. 체에 내린 가루에 소주와 설탕시럽 3큰술을 섞어 넣어 가루가 보이지 않도록 반죽한다.

⓫ 덩어리 반죽을 반으로 갈라 겹치기를 2~3번 반복한다.

⓬ 반죽을 0.8cm 두께로 고르게 밀대로 민 다음 한입 크기 또는 사방 3.5~4cm 정도로 썰어서 가운데를 꼬치로 찔러주거나 칼집을 낸다.

⓭ 110℃ 정도의 기름에 넣어 켜가 일도록 자주 뒤집으며 튀긴다. 반죽이 떠오르면 140℃의 기름으로 옮겨 튀기거나 서서히 기름의 온도를 160℃ 정도까지 올려 튀긴다.

⓮ 튀겨낸 약과의 기름을 충분히 뺀 뒤 상온에서 식힌 집청시럽에 3시간 이상 담갔다가 건진다.

⓯ 대추 꽃과 비늘잣을 고명으로 올린다.

• 담아 완성하기

⓰ 모약과 담을 그릇을 선택하여 보기 좋게 담는다.

# 편강

## 재료

- 깐 생강 100g
- 설탕 50g
- 물 1컵
- 소금 약간
- 물엿 1큰술
- 꿀 1큰술
- 설탕 1/2컵

• 재료 확인하기

❶ 재료의 품질 확인하기

• 재료 계량하기

❷ 배합표에 따라 재료를 정확하게 계량한다.

• 도구 준비하기

❸ 작업대, 계량저울, 계량스푼, 계량컵, 조리용 칼, 도마, 채반, 앞치
마, 장갑(위생장갑, 면장갑, 고무장갑), 절이는 용기, 위생모자, 위생
행주, 분리수거용 봉투 등을 준비한다.

• 재료 전처리하기

❹ 생강은 0.1cm 두께로 얇게 썬다.

• 조리하기

❺ 얇게 저민 생강은 끓는 소금물에 데친 뒤 찬물에 헹구어 건진다.
❻ 냄비에 데친 생강, 설탕, 물, 소금을 넣고 센 불에 끓인다.
❼ 끓기 시작하면 불을 약하게 하고 물엿을 넣어 서서히 조린다.
❽ 물기가 거의 없어지면 꿀을 넣고 꿀맛이 배게 한다.
❾ 설탕을 묻혀 망이나 체에 말린다.

• 담아 완성하기

❿ 편강 담을 그릇을 선택하여 보기 좋게 담는다.

# 호두강정

### 재료

- 호두 120g
- 물 1컵
- 설탕 60g
- 소금 약간
- 꿀 1큰술
- 튀김기름 3컵

• 재료 확인하기

❶ 재료의 품질 확인하기

• 재료 계량하기

❷ 배합표에 따라 재료를 정확하게 계량한다.

• 도구 준비하기

❸ 작업대, 계량저울, 계량스푼, 계량컵, 조리용 칼, 도마, 채반, 앞치마, 장갑(위생장갑, 면장갑, 고무장갑), 절이는 용기, 위생모자, 위생행주, 분리수거용 봉투 등을 준비한다.

• 재료 전처리하기

❹ 호두는 뜨거운 물에 10분 정도 담가 쓴맛을 우려낸다.

❺ 호두의 속껍질을 벗긴다.

• 조리하기

❻ 냄비에 호두, 물, 설탕, 소금을 넣고 끓인다.

❼ 불을 약하게 하여 끓여 물이 반 정도로 줄면 꿀을 넣어 윤기나게 조린다.

❽ 체에 밭쳐 설탕물을 제거한다.

❾ 조린 호두를 140℃의 기름에 갈색이 나게 튀겨낸다.

• 담아 완성하기

❿ 호두강정 담을 그릇을 선택하여 보기 좋게 담는다.

# 매작과

## 재료

- 밀가루 1컵
- 소금 1/2작은술
- 생강 15g
- 물 3~4큰술
- 튀김기름 3컵
- 잣 1큰술

### 집청시럽

- 설탕 1컵
- 물 1컵
- 물엿 1큰술
- 계핏가루 1/2작은술

• 재료 확인하기

❶ 재료의 품질 확인하기

• 재료 계량하기

❷ 배합표에 따라 재료를 정확하게 계량한다.

• 도구 준비하기

❸ 작업대, 계량저울, 계량스푼, 계량컵, 조리용 칼, 도마, 채반, 앞치마, 장갑(위생장갑, 면장갑, 고무장갑), 절이는 용기, 위생모자, 위생행주, 분리수거용 봉투 등을 준비한다.

• 재료 전처리하기

❹ 밀가루는 체에 친다.

❺ 소금은 칼 옆면으로 곱게 으깨어 놓는다.

❻ 생강은 껍질을 벗기고 강판에 간다.

❼ 잣은 고깔을 떼고 곱게 다져 놓는다.

• 조리하기

❽ 설탕과 물은 냄비에 담아 중간불에 올려 젓지 말고 끓인다. 설탕이 녹으면 불을 줄인 뒤 물엿을 넣고 10분 정도 끓여 1컵 정도가 되도록 한다. 시럽을 식힌 후 계핏가루를 넣고 고루 섞어 집청시럽을 만든다.

❾ 밀가루에 소금을 고루 섞는다. 생강즙과 물로 말랑하게 반죽한다.

❿ 반죽은 얇게 밀어 길이 5cm, 폭 2cm 크기로 잘라서 칼집을 세 군데 넣는다. 가운데 칼집 사이로 한번 뒤집는다.

⓫ 160℃ 정도의 기름에 넣어 튀긴다. 모양을 잡으면서 튀기면 반듯하게 모양을 잡을 수 있다.

⓬ 튀긴 매작과는 집청시럽에 담갔다가 망에 건져 여분의 시럽을 뺀다.

⓭ 잣가루를 뿌린다.

• 담아 완성하기

⓮ 매작과 담을 그릇을 선택하여 보기 좋게 담는다.

# 양송이버섯장아찌

## 재료

- 양송이버섯 300g
- 소금 1/3작은술

**양념장**
- 물 2½컵
- 간장 1컵
- 설탕 1컵
- 식초 1컵
- 마른 고추 3개
- 마른 표고버섯 3개
- 통후추 10개

• 재료 확인하기

❶ 재료의 품질 확인하기

• 재료 계량하기

❷ 배합표에 따라 재료를 정확하게 계량한다.

• 도구 준비하기

❸ 작업대, 계량저울, 계량스푼, 계량컵, 조리용 칼, 도마, 채반, 앞치마, 장갑(위생장갑, 면장갑, 고무장갑), 절이는 용기, 위생모자, 위생행주, 분리수거용 봉투 등을 준비한다.

• 재료 전처리하기

❹ 양송이버섯은 씻어서 크기에 따라 4~6등분으로 썬다.

❺ 마른 고추는 2cm 길이로 어슷썰기를 한다.

❻ 마른 표고버섯은 깨끗이 씻는다.

• 조리하기

❼ 양송이버섯은 끓는 물에 데쳐서 찬물에 헹군 뒤 물기를 제거한다.

❽ 용기에 양송이버섯을 담는다.

❾ 물, 간장, 설탕, 식초, 마른 고추, 마른 표고버섯, 통후추를 냄비에 끓인다. 끓으면 불을 끄고 뜨거울 때 용기에 담았다가 식으면 냉장고에 보관한다.

• 담아 완성하기

❿ 장아찌 담을 그릇을 선택하여 보기 좋게 담는다.

# 무숙장아찌

**재료**

- 무 120g
- 간장 3큰술
- 소고기 우둔살 30g
- 미나리 20g
- 실고추 약간
- 식용유 1큰술

**양념**

- 간장 1작은술
- 설탕 1/2작은술
- 다진 대파 1/2작은술
- 다진 마늘 1/4작은술
- 참깨 1작은술
- 참기름 1작은술
- 후춧가루 약간

• 재료 확인하기

❶ 재료의 품질 확인하기

• 재료 계량하기

❷ 배합표에 따라 재료를 정확하게 계량한다.

• 도구 준비하기

❸ 작업대, 계량저울, 계량스푼, 계량컵, 조리용 칼, 도마, 채반, 앞치마, 장갑(위생장갑, 면장갑, 고무장갑), 절이는 용기, 위생모자, 위생행주, 분리수거용 봉투 등을 준비한다.

• 재료 전처리하기

❹ 무는 껍질을 벗기고 0.6cm×0.6cm×5cm 크기로 썬다.
❺ 소고기는 0.3cm×0.3cm×4cm 크기로 썬다.
❻ 미나리는 잎을 떼어내고 4cm 길이로 썬다.
❼ 대파, 마늘은 껍질을 제거하고 곱게 다진다.
❽ 실고추는 2cm 길이로 자른다.

• 조리하기

❾ 간장에 무를 절인다. 곱게 물이 들어 절여지면 간장을 따라내어 냄비에 끓여 반으로 조려서 식힌 뒤 다시 절여 물기를 꼭 짠다.
❿ 소고기는 간장, 대파, 마늘, 설탕, 후추를 넣고 양념을 한다.
⓫ 달구어진 팬에 식용유를 둘러 소고기 양념한 것을 볶은 뒤 무를 넣어 볶는다. 미나리를 넣어 볶고 불을 끈 다음 실고추를 넣어 버무린다.

• 담아 완성하기

⓬ 장아찌 담을 그릇을 선택하여 보기 좋게 담는다.

# 오이숙장아찌

- 오이 1/2개(소금 1작은술)
- 마른 표고버섯 1개
- 소고기 30g
- 식용유 30ml
- 소금 1작은술
- 실고추 약간

## 고기 양념

- 진간장 1/2작은술
- 설탕 1/4작은술
- 다진 대파 1/2작은술
- 다진 마늘 1/4작은술
- 참기름 1/4작은술
- 참깨 1/6작은술
- 후춧가루 1/8작은술

• 재료 확인하기

❶ 재료의 품질 확인하기

• 재료 계량하기

❷ 배합표에 따라 재료를 정확하게 계량한다.

• 도구 준비하기

❸ 작업대, 계량저울, 계량스푼, 계량컵, 조리용 칼, 도마, 채반, 앞치마, 장갑(위생장갑, 면장갑, 고무장갑), 절이는 용기, 위생모자, 위생행주, 분리수거용 봉투 등을 준비한다.

• 재료 전처리하기

❹ 오이는 소금으로 문질러 씻고 5cm×0.5cm×0.5cm 크기로 썰어 소금에 절다가 물기를 짠다.

❺ 소고기는 4cm×0.3cm×0.3cm 크기로 썬다.

❻ 마른 표고버섯은 물에 불려 4cm×0.3cm×0.3cm 크기로 썬다.

❼ 실고추는 2~3cm 길이로 자른다.

• 조리하기

❽ 소고기와 표고버섯에 간장, 설탕, 대파, 마늘, 참기름, 참깨, 후춧가루를 넣어 양념한다.

❾ 달구어진 팬에 식용유를 두르고 오이를 파랗게 볶아 식힌다.

❿ 소고기와 표고버섯도 볶아서 식힌다.

⓫ 오이, 소고기, 표고버섯, 실고추를 가볍게 버무려 그릇에 담는다.

• 담아 완성하기

⓬ 장아찌 담을 그릇을 선택하여 보기 좋게 담는다.

## 저자소개

### 한혜영

충북도립대학교 조리제빵과 교수
숙명여자대학교 한국음식연구원 메뉴개발팀장
Lotte Hotel Seoul Chef
Intercontinental Seoul Coex Chef
대한민국 조리기능장

### 안채경

우송정보대학교 초빙교수
숙명여자대학교 대학원 식품영양학과 이학박사
신구대학교, 청강문화산업대학교 겸임교수
조리기능사 감독위원

### 조태옥

수원여자대학교 식품영양학과 겸임교수
(사)세종전통음식연구소 소장
세종대학교 대학원 외식경영학박사
농진청 신기술심사위원

### 정선미

광운대학교 호텔관광외식경영학과 외래교수
광운대학교 일반대학원 실감융합콘텐츠학과 박사과정
호원대학교 겸임교수
케이알 스타트업 기술 산업화팀

### 임재창

우송정보대학교 조리부사관과 겸임교수
마스터쉐프한국협회 상임이사
한국음식조리문화협회 상임이사
조리기능장 감독위원
국민안전처 식품안전위원

### 이가은

동국대학교 식품생명공학과 석사 중
한상궁식문화연구원 팀장
동남아음식(백산출판사) 공저

저자와의
합의하에
인지첩부
생략

# 알기 쉬운 한식조리 실습

2020년 3월  5일 초판 1쇄 인쇄
2020년 3월 10일 초판 1쇄 발행

**지은이** 한혜영·조태옥·임재창·안채경·정선미·이가은
**펴낸이** 진욱상
**펴낸곳** (주)백산출판사
**교  정** 편집부
**본문디자인** 신화정
**표지디자인** 오정은

**등  록** 2017년 5월 29일 제406-2017-000058호
**주  소** 경기도 파주시 회동길 370(백산빌딩 3층)
**전  화** 02-914-1621(代)
**팩  스** 031-955-9911
**이메일** edit@ibaeksan.kr
**홈페이지** www.ibaeksan.kr

ISBN 979-11-90323-87-1  93590
값 24,000원